Uwe Werner • Buntbarsch-Fibel

Uwe Werner

Buntbarsch-Fibel

Kleine Juwelen aus Südamerika

Dähne Verlag

Fotonachweis:
Alle Fotos, außer den besonders gekennzeichneten, sind vom Autor.
Titelfoto: B. Schmidt

Bibliografische Information der Deutschen Nationalbibliothek

Die Deutsche Nationalbibliothek verzeichnet diese Publikation in der Deutschen Nationalbibliografie; detaillierte bibliografische Daten sind im Internet über http://dnb.dnb.de abrufbar.

ISBN 978-3-944821-40-5

Druck: Grafisches Centrum Cuno GmbH & Co. KG
Printed in Germany

Inhalt

Vorwort

Buntbarsche gibt es in Mittel- und Südamerika, in Afrika und nur drei Arten in Asien. Wirklich kleine Buntbarsche, die man ‚Zwergbuntbarsche' nennen könnte, gibt es in Mittelamerika nicht, wohl aber in Südamerika und Afrika. In diesem Band stellen wir Ihnen die amerikanischen Arten der klein bleibenden Buntbarsche vor.

Wer bisher ein naturnah eingerichtetes Gesellschaftsaquarium gepflegt hat – vielleicht sogar den einen oder anderen kleineren Buntbarsch – und sich daran erfreut hat, wird vielleicht eines Tages mit dem Gedanken spielen, sich näher mit ihnen zu beschäftigen.

Und wer sich dann für die „kleinen Amerikaner" entscheidet, erfährt hier kurz und knapp alles Wesentliche über Pflege und Zucht und über die wichtigsten und schönsten Arten, die ständig im Handel verfügbar sind.

Danksagung: Burkhard Schmidt danke ich für seine schönen *Apistogramma*-Fotos, die dazugehörigen Informationen sowie viele Ratschläge.

Uwe Werner

Cichliden sind keine Barsche

Bei den Buntbarschen handelt es sich nicht wirklich um Barsche, sondern um Barschverwandte, die man wissenschaftlich Cichliden nennt. Ihre Merkmale sind ein meist seitlich zusammengedrückter Körper, eine in der Regel in einen vorderen (oberen) und hinteren (unteren) Ast geteilte Seitenlinie, nur ein Paar Nasenlöcher und eine aus einem hart- und einem weichstrahligen Teil zusammengesetzte Rückenflosse. Neben den Zähnen im Ober- und Unterkiefer besitzen sie auch welche auf den gegeneinander beweglichen oberen und unteren Schlundknochen im Rachen. Da sie damit ihre Nahrung zerkleinern können, benutzen sie die Kieferzähne für unterschiedliche Möglichkeiten der Nahrungsaufnahme: zum Abraspeln, Abbeißen, Packen, Festhalten usw.

Die größten Buntbarsche können gut einen Meter lang werden, die kleinsten erreichen kaum vier Zentimeter. Arten mit einer Gesamtlänge um zehn Zentimeter, mit denen wir uns hier beschäftigen, nennt man ‚Kleine' oder ‚Zwergbuntbarsche' – eine unter Aquarianern geläufige Bezeichnung, aber ohne wissenschaftlichen Wert.

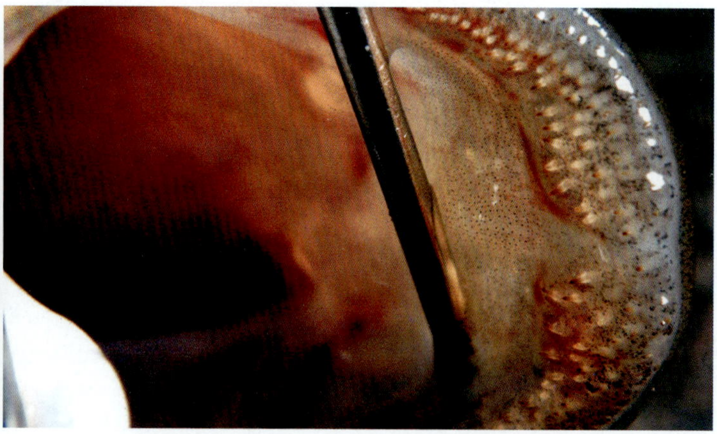

Links: Rachenzähne einer *Crenicichla*-Art.

Rechts: So sehen die Oberkieferzähne der Zwergart *Crenicichla wallacei* aus.

Lateral drohende Männchen von *A. erythrura*.

TIPP
Verschiedene Arten kleiner Buntbarsche sollten in getrennten Aquarien gehalten werden.

Die meisten kleinen Buntbarsche werden schnell geschlechtsreif, aber auch nur wenige Jahre alt. Sie gehören unterschiedlichen Gattungen an und sind eher keine Arten, von denen man mehrere oder gar viele in ein und demselben Aquarium pflegen sollte, weil dann zwangsläufig einzelne Tiere unterdrückt werden, während andere dominieren und unterlegene Fische bedrängen und womöglich sogar umbringen.

Was macht sie so interessant?

Wegen ihrer geringen Größe kann man diese Buntbarsche auch in kleineren Aquarien pflegen, was einen geringeren Platzbedarf und niedrigere Strom- und Wasserrechnungen nach sich zieht. Außerdem ist die fast immer hübsch zu nennende Färbung ein wichtiges Argument für ihre Haltung,

Zwei Männchen von *Apistogramma cacatuoides* beim Maulzerren.

wobei zumindest bei den Vertretern einiger Gattungen Männchen und Weibchen deutlich anders gefärbt sind und überdies noch eine unterschiedliche Körper- bzw. Flossenform ausbilden.

Hinzu kommt ihr spannendes und faszinierendes Verhalten. Wie ihre großen Verwandten besetzen sie Reviere, die sie gegen Artgenossen und andere Fische vehement verteidigen, wobei insbesondere die Männchen ihre Flossen bis zum Zerreißen aufspannen, das Maul aufreißen und mit gesenktem Kopf oder gar vertikal im Wasser stehend frontal oder seitlich mit dem Körper schlagen, den Mundboden senken und so ihren Kopfumfang vergrößern, um kräftiger zu erscheinen, als sie wirklich sind. Ähnliches Verhalten ist bei der Balz zu beobachten, wenn der jeweils balzende Partner intensivst gefärbt ist und versucht, die Aufmerksamkeit der erwählten Partnerin zu erwecken. Dazu kommt das Fortpflanzungsverhalten, denn alle Buntbarsche betreiben Brutpflege, was bedeutet, dass sie sich um ihre Gelege, die geschlüpften Larven und die später freischwimmenden Jungfische kümmern, sie bewachen und verteidigen.

Aufpassen!

Vorab muss aber davor gewarnt werden, dass man Paare, die man 'willkürlich' zusammensetzt, die sich also nicht selbst gefunden haben, in den ersten Tagen ihres Zusammenseins (in einem Zuchtbecken auf vielleicht gar beengtem Raum) aufmerksam beobachten muss, damit sie sich nicht gegenseitig umbringen. Ebenso gilt erhöhte Wachsamkeit, wenn man einem Paar die Jungfische, die es geführt hat, eines Tages wegnimmt, um sie gesondert aufzuziehen. Auch das kann zu Streitereien mit bösem Ausgang führen. Und meist bleibt dann das Weibchen auf der Strecke.

Dieses Männchen von *A. uaupesi* geht mit angelegten Flossen und gesenktem Kopf auf einen Gegner los.

Mikrogeophagus ramirezi laicht gern auf Blättern.

Das Aquarium

In vielen Biotopen kleiner Buntbarsche liegt der Boden voller Falllaub.

Unser Aquarium für kleine Buntbarsche sollte in der Regel eine Kantenlänge von 100 Zentimetern haben (genauere Angaben finden Sie bei jeder genannten Art) und nur mit einer Art besetzt werden, die mit ähnlich großen Zahnkarpfen, Salmlern und Harnischwelsen vergesellschaftet werden kann. Da sich die kleinen Cichliden fast ausschließlich in Bodennähe aufhalten, wo sie ihre Reviere abstecken, werden ihnen die übrigen Mitbewohner kaum ins Gehege kommen – und die Buntbarsche können sich deshalb auch fortpflanzen.

Hat uns die Pflege und Zucht von kleineren Buntbarschen aber erst einmal gepackt, werden wir mehrere Aquarien unterschiedlicher Größe benötigen, bis hin zu einem Fassungsvermögen von 100 bis 120, vielleicht gar 150 Liter Inhalt. Das ist letztlich auch eine Frage des Platzes, der Anschaffungs- und Folgekosten und der Zeit, die man dafür aufbringen kann.

Hier fließt Klarwasser über steinigen Grund, der den Boden strukturiert.

Der Boden stärker fließender Gewässer kann, selbst wenn es sich um Schwarzwasser handelt, auch durch Steine strukturiert sein.

Die Einrichtung

Unterschiedliche Arten benötigen aufgrund ihrer Größe, Vitalität und Aggressivität unterschiedlich viel Platz und stellen wegen ihrer Lebensweise und ihres Fortpflanzungsverhaltens verschiedene Ansprüche an die Aquariengestaltung. Darauf werde ich bei den einzelnen Gattungen und Arten speziell eingehen.

Aquarien für kleine Buntbarsche sollten eine möglichst große Grundfläche haben, während die Höhe zweitrangig ist. Als Bodengrund empfiehlt sich relativ feiner Sand mit unterschiedlicher Körnung bis maximal drei oder vier Millimeter, der sauber ausgespült sein muss. Zur Dekoration eignen sich kleine Moorkienwurzeln und Steine, die keine Härtebildner abgeben.

Gibt man einen Tropfen Salzsäure auf einen Stein und es schäumt, enthält er Kalk und sollte nicht verwendet werden. Gut geeignet ist natürlich gebrochener Schiefer, dessen flache Platten an die Rückwand gelehnt und zu lichten Höhlen zusammengestellt werden können. Aquarien für höhlenbrütende Buntbarsche sollte man zusätzlich mit zwei bis drei im Zoohandel erhältlichen Tonröhren oder -höhlen mit unterschiedlich großen Einschlupflöchern ausstatten. Mit Basaltsteinen und Kieseln kann man den Bodenbereich strukturieren und muss auch auf eine Bepflanzung nicht verzichten. Außerdem sollte man in so gut wie jedes Aquarium eine Handvoll trockenes, zuvor gereinigtes Laub (etwa von Buchen oder Erlen) geben.

Wenig oder viel Licht?

Sollen Schwarzwasserbewohner aus Urwaldbächen eingesetzt werden, sollte man daran denken, dass sie keine zu starke Beleuchtung mögen, weshalb sich neben einer nicht zu intensiven Beleuchtung die zusätzliche Verwendung von Schwimmpflanzen zur Beschattung empfiehlt.

In puncto Beleuchtung ist es hilfreich zu wissen, dass eine starke Beleuchtung die Aggressivität zumindest einiger Buntbarsche verstärkt. Das kann dazu führen, dass innerhalb einer Gruppe die Männchen sich untereinander stark bekämpfen und sogar die Weibchen heftig attackieren. Betreut ein Paar gerade seine Jungfische, versuchen manche Männchen bei starker Beleuchtung, das Weibchen zu verjagen, um die Brutpflege an sich zu reißen. Löscht man das Licht, lassen sie dagegen das Weibchen in Ruhe und übernehmen ihre normalen Aufgaben im Rahmen ihres Fortpflanzungsmodus. Im Übrigen kann es hilfreich sein, bei brutpflegenden Paaren in der Nacht eine schwache Lampe brennen zu lassen, damit sie dämmerungs- oder nachtaktive Bruträuber verjagen können. Auch wenn ein Weibchen oder ein Paar seine Brut wiederholt frisst, kann es helfen, das Aquarium stärker zu beleuchten.

Auf diesen südamerikanischen Urwaldbach fällt durch das Laubdach der Bäume nur wenig Licht. Aber es gibt besonnte und beschattete Stellen.

Links: So sieht ein typisches Klarwasser-Flüsschen aus.

Rechts: Das oft sehr saure Schwarzwasser ist ebenfalls klar, aber rotbraun eingefärbt. An beschatteten Stellen ist es unter Wasser extrem dunkel.

Das Wasser

TIPP

Den pH-Wert, die Karbonat- und Gesamthärte (KH und dGH) kann man mit im Fachhandel erhältlichen Tropfenreagenzien (oder elektronisch) leicht messen.

Nahezu alle südamerikanischen Buntbarsche stammen aus Weichwasser, das je nach Herkunft der Fische mehr oder weniger mineralarm und unbelastet ist. Sollte Ihr Wasser nicht weich genug aus der Leitung kommen, muss man nicht unbedingt Umkehrosmosewasser oder Wasser aus einem Ionentauscher verwenden, sondern kann Regenwasser nutzen, das man einige Tage über Aktivkohle filtert. Muss es auch noch sauer sein, also einen niedrigen pH-Wert aufweisen, kann man kleine Säckchen (Nylonsocken) voll Torfgranulat aus dem Zoohandel in den Filter geben oder einfach in der Nähe des Durchlüfters oder Filterrücklaufs ins Aquarium hängen. So wird das Regenwasser nach und nach – vor allem aber auch nie zu sehr – angesäuert.

Viele Aquarianer glauben, dass man das Wasser auch mit Erlenzäpfchen ansäuern kann. Das ist aber kaum der Fall. Allerdings geben trockene Erlenzäpfchen, die man im Herbst selber sammeln kann, Gerbstoffe ab, die – etwas Eichenrindentee aus der Drogerie ist eine Alternative – der Bakterienbildung entgegenwirken. Es macht also Sinn, ebenfalls einige ins Aquarium zu geben, man sollte aber die Menge gering halten, da sie das Wasser stark einfärben.

Foto: C. Lukhaup

Vorsicht: Verätzungsgefahr

Manche Aquarianer senken den pH-Wert auch, indem sie dem Wasser nach und nach, etwa morgens und abends, ein paar Tropfen Säure – meist 30-prozentige Schwefelsäure – zusetzen. Das ist durchaus möglich, aber riskant. In keinem Fall sollte man die Säure direkt ins Becken tropfen, sondern vorher stark verdünnen (etwa 5 Tropfen auf 100 ml Wasser) und diese erst dann dem Becken zufügen. Eine wiederholte Messung der Karbonathärte während der Prozedur ist wichtig. Fällt die Karbonathärte unter 1 °KH, droht ein Säuresturz. Das ist, vereinfacht gesagt, deshalb der Fall, weil die Säure die im Wasser enthaltene Karbonathärte (genauer: das Hydrogencarbonat) angreift und sie ‚auffrisst'. Solange genug Karbonathärte im Wasser gelöst ist, verändert sich der pH-Wert kaum. Ist sie dagegen weitgehend aufgebraucht, können schon die nächsten Tröpfchen Säure zu einem solchen pH-Sturz führen, sodass die Fische im Becken womöglich sterben.

Wasserpflege mit Bedacht

Natürlich ist auch eine intensive Wasserpflege notwendig, was bedeutet, dass man bedarfsgerecht füttert und eventuelle Futterreste möglichst schnell entfernt, aber auch effektiv filtert, was in Aquarien ab etwa 50 Liter Fassungsvermögen mithilfe kleiner Tauchpumpen geschehen kann. Verschiedene Hersteller bieten geeignete Fünf-Watt-Modelle an. Soweit es sich um noch kleinere Aquarien handelt, empfehlen sich auch luftbetriebene Schwammfilter. All diese Maßnahmen ersetzen aber nicht den regelmäßigen Teilwasserwechsel.

Doch Vorsicht: Ersetzt man zu viel Altwasser durch Frischwasser, kann diese Maßnahme bei Paaren, die ihre Brut betreuen, einen Aggressionsschub auslösen, woraufhin die Elterntiere womöglich in Streit geraten, aufeinander losgehen und eventuell sogar ihre Babys fressen. Außerdem muss der pH-Wert nach dem Wasserwechsel, aber natürlich auch sonst, in kurzen Zeitabständen kontrolliert werden.

Wildfänge oder Nachzuchten

Wenn es um den Erwerb von Fischen geht, stehen Wildfänge bei vielen Aquarianern höher im Kurs als Nachzuchten. Dabei wird übersehen, dass Importtieren durch Fang, Transport und Weiterverkäufe allerhand zugemutet wird. Sie müssen sich beim Aquarianer erst einmal erholen und einleben, was am besten gelingt, wenn die natürlichen Lebensbedingungen optimal nachgeahmt werden. Aber auch dann erweisen sich Wildfänge noch häufig als heikle Pfleglinge, während schon die ersten Nachzuchtgenerationen weniger Probleme bereiten.

Laetacara dorsigera gehört zu den eher robusten Arten.

Glücklicherweise gibt es einige Arten, die selbst als Wildfänge keine besonderen Ansprüche stellen. Das liegt entweder daran, dass sie, wie etwa die *Laetacara*, *Nannacara*, *Bujurquina* und *Tahuantinsuyoa* von vergleichsweise robuster Natur sind oder ihre natürlichen Lebensbedingungen leicht nachgeahmt werden können. Sie stammen in ihrer Mehrzahl aus Gewässern Südamerikas – etwa im Paraguay-, Paraná- und Uruguay-Einzug oder aus steinigen Bergflüssen am Fuß der Anden, die bezüglich der Härtebildner und des pH-Wertes als ‚mittelwertig' zu bezeichnen sind. Mit Vertretern dieser Gattungen kann man erste Erfahrungen sammeln, ohne auf interessante Beobachtungen verzichten zu müssen, denn auch unter ihnen gibt es Arten mit sehr unterschiedlicher Brutbiologie.

Andererseits gilt eine ganze Anzahl südamerikanischer Zwergbuntbarsche aus verschiedenen Gattungen (*Apistogramma*, *Taeniacara*, *Dicrossus*, *Ivanacara* und einige *Crenicichla*) als besonders schwierig, weil es bei ihrer Pflege schon wegen der Herkunft aus Schwarzwasser – etwa aus dem Rio Negro oder aus Orinoko-Zuflüssen wie dem Atabapo – auf eine angemessene Temperatur, höchste Wasserqualität, einen extrem niedrigen Leitwert und stabile, dabei aber auch besonders niedrige pH-Werte ankommt.

Welches Futter

Gerade bei den etwas schwierigeren Arten kommt der Fütterung eine besondere Bedeutung zu. Man darf nie zu viel füttern, muss geeignetes Futter reichen, das den Darm der Fische nicht zu stark belastet und weder lebende noch gefrostete Futtertiere dürfen keinesfalls aus verschmutzten Gewässern stammen.

In der Regel fressen die hier behandelten Buntbarsche auch industriell hergestelltes Futter, nämlich Flocken, Granulat und Futtertabletten. Bei der Pflege kleiner Arten und nur wenigen Fischen, also eines Pärchens oder eines Männchens mit zwei Weibchen, sollte man aber nur ganz geringe Mengen reichen, damit man keine Futterreste entfernen muss.

Dieses Weibchen von *Crenicichla regani* hält einen Harnischwels von der Bruthöhle fern.

TIPP

Von der Verfütterung von *Tubifex* und Roten Zuckmückenlarven ist auf jeden Fall abzuraten!

Außerdem macht es Sinn, zwei oder drei junge, der Größe der Buntbarsche entsprechende Harnischwelse (etwa *Ancistrus*) mit ins Becken zu geben, die eventuelle Futterreste vertilgen und die Rolle des ‚Feindfaktors' übernehmen, was nicht unwichtig ist. Die Harnischwelse richten keinen Schaden an und sind so gut gepanzert, dass sie die Attacken der Buntbarsche schadlos überstehen. Allerdings sollte man ihnen jeden dritten Tag eine – eventuell halbierte – Futtertablette auf pflanzlicher Basis (*Spirulina* o. Ä.) gönnen.

Als Hauptfutter für die ganz kleinen Arten und alle Jungfische kommen lebende *Artemia*-Nauplien, selbst gezüchtete Grindalwürmer und Kleinkrebse (Daphnien, *Cyclops*, Fliegenlarven) aus dem Wasserflohteich oder der Tiefkühltruhe infrage. Je nach Jahreszeit kann man auch lebende Mückenlarven reichen, Weiße Mückenlarven vor allem im Winter und im Frühjahr, Schwarze Mückenlarven im Sommer. Größeren, unempfindlicheren Arten kann man auch *Mysis*, Krill und gehacktes Muschelfleisch geben.

Auch erwachsene ‚Kleine Buntbarsche' – hier *Apistogramma borellii* 'Opal' – fressen gern Grindalwürmer.

Futterzucht

Es kann sich lohnen, Lebendfutter selbst zu züchten, wobei sich für erwachsene kleine und halbwüchsige junge Tiere jeden zweiten oder dritten Tag kleine Würmer empfehlen. Unverzichtbar für die Babyaufzucht sind Essigälchen, wenn die kleinen Jungfische noch keine *Artemia*-Nauplien bewältigen können.

Artemia

Artemia-Dauereier (eigentlich Zysten) kann man im Fachhandel kaufen und davon je nach Bedarf etwa zwei Gramm Zysten in einer Glasflasche bei 22 bis 26 °C und starker Belüftung zum Schlupf ansetzen. Auf einen Liter Wasser, das man mit 15 bis 20 Gramm Seesalz (und bei schlechtem Schlupf ein Gramm Speisenatron) aufbereitet, schlüpfen die Nauplien nach etwa 24 Stunden. Stellt man die Belüftung ab, sammeln sie sich am Boden, wo man sie entnehmen kann. Achtung: Die Nauplien leben meist nur wenige Stunden, müssen also bald verfüttert werden.

Artemia-Zuchtanlage für größeren Nauplien-Bedarf.

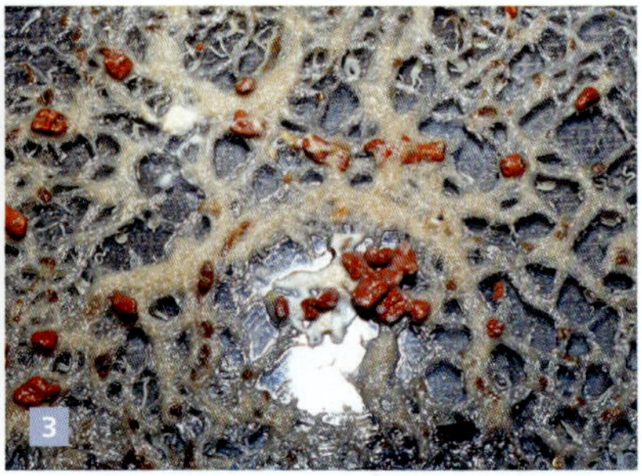

1 Grindalkultur in einer Plastikschale.

2 Hebt man die Scheibe an, bleiben Futterbrei und Würmer an ihr kleben.

3 Das Futter ist aufgebraucht, aber noch kleben viele Würmchen an der Scheibe.

Grindalwürmer

Recht ergiebig kann die Zucht von Grindalwürmern sein, die einen Durchmesser von etwa einem viertel Millimeter erreichen und bis zu zehn Millimeter lang werden. Man kann sie zur Fütterung erwachsener Exemplare kleinerer Fischarten, aber auch als Jungfischfutter verwenden. Da sie nur in den wärmeren Bereichen Mitteleuropas und in Südamerika vorkommen, müssen sie bei höheren Temperaturen von 25 °C bis 30 °C – möglichst im Dunkeln – kultiviert werden. Als Substrat empfiehlt sich das Hydrogranulat Seramis, das man in Gartencentern bekommt.

Es wird mehrfach in einem Sieb oder Netz gespült, um den Feinstaub abzulösen. Dabei nimmt das Granulat Wasser auf, das man nur grob abtropfen lassen sollte. Dann kommt es in Zuchtbehälter, etwa Plastikdosen von 12 x 16 x 7 Zentimeter Größe, in deren Deckel man ein Loch von etwa fünf Zentimeter Durchmesser schneidet, das man mit Fliegengaze aus Plastik oder Aluminium verschließt. Das feuchte Substrat wird oben mit einer kleinen Portion Würmer geimpft, die man käuflich erwirbt. Man kann auch eine Glasscheibe auflegen, die einer laufenden Kultur entstammt und unter der Würmer und Futter kleben. Gleichzeitig füttert man etwas zu. Als Futter eignen sich Baby-Schmelzflocken, die aus einer Sprühflasche ein wenig angefeuchtet werden. Nach zwei bis drei Tagen ist die Kultur eingelaufen. Danach kann man regelmäßig Würmer entnehmen, muss die Kulturen aber auch regelmäßig füttern und darauf achten, dass sie durch das Anfeuchten des Futterbreis nicht zu nass werden. Wenn im Laufe von drei bis sechs Wochen der Ansatz verdreckt und die Erträge zurückgehen, muss das Substrat gesäubert, also durchgespült werden. Das kann man zwei- bis dreimal wiederholen, doch dann muss man das Substrat ersetzen. Es empfiehlt sich, mehrere Zuchtansätze zu betreiben.

Mikroälchen

Mikrowürmchen oder Essigälchen gehören zu den Fadenwürmern, lassen sich massenhaft züchten und kommen für viele Fischbabys als Erstfutter infrage. Sie werden etwa zwei Millimeter lang und sind dabei so dünn, dass sie auch in enge Mäuler passen. Als Zuchtbehälter eignen sich flache Schalen ebenso wie Plastikdosen und Weckgläser. Sie sollten abgedeckt werden, weil sich sonst schnell Obstfliegen oder Milben einfinden, obwohl eine gewisse Luftzufuhr das Florieren der Kultur begünstigt. Wichtig ist die Transparenz der Zuchtbehälter, damit man die Entwicklung der Kultur verfolgen kann, und natürlich sollte man mehrere Zuchtbehälter gleichzeitig betreiben. Sie sollten warm (30 bis 40 °C) sein und so platziert werden, dass eine Seite dem Licht ausgesetzt ist. Dort sammelt sich die Masse der Würmchen. Da Mikro-Kulturen ja nach Art des Futters, das man den Würmern gibt, weniger oder mehr gären und nach Essig oder Hefe riechen, sollte man die Zucht nicht im Wohnzimmer betreiben.

Auch in diesem Fall muss man die Startkultur kaufen. In die Kulturgefäße gibt man einen dünnen Brei aus Haferflocken und Wasser oder Milch, der den Boden höchstens bis zu einem Zentimeter bedeckt. Frische Kulturen sind nahezu weiß und geruchlos, ältere gelblich bis bräunlich und fangen an zu riechen. Je dunkler sie werden, umso stärker ist die Übersäuerung und umso schlechter die Vermehrungsrate der Würmer. Die Kultur muss erneuert werden, was auch dann gilt, wenn sie anfängt zu trocknen. Für einen Neuansatz reicht es, wenn man in die gesäuberte Schale neuen Futterbrei gibt und ihn mit einigen wenigen Würmern ‚impft'. Man kann auch den Inhalt eines noch nicht zu alten Zuchtbehälters auf mehrere neue (mit neuem Futterbrei) verteilen. Schon drei bis vier Tage später kann man die Würmer als schlängelnde Masse im Futterbrei schwimmen sehen. Da aber auch viele an den Wänden des Zuchtgefäßes – insbesondere an der hellsten Stelle – emporklettern, kann man diese mit einem Wasserfarbenpinsel entnehmen, den man im Aquarium ausspült.

1 Mikrowürmchen in der Zuchtschale.

2 Die Nahaufnahme zeigt die am Glas emporkletternden Mikrowürmchen sehr deutlich.

Die fröhlichen Buntbarsche

Laetacara-Biotope zeichnen sich durch ruhiges Wasser und verkrautete Ufer aus.

Gattung *Laetacara*

Der Gattungsname der *Laetacara* (*laetus*=fröhlich, *Acara*=Buntbarsch) spielt auf den Schnauzenstreifen an, den alle Arten zeigen. Vier davon sind kleinere Arten, die Klarwasserbewohner und deshalb einfach zu pflegen und zu züchten sind. Daneben gibt es in dieser Gattung noch mindestens drei weitere Arten, die über 13 Zentimeter groß werden, aus Schwarzwasserbiotopen kommen und deshalb nicht so leicht zu züchten sind.

Männchen von *L. curviceps* in Normalfärbung.

Tüpfelbuntbarsch

Laetacara curviceps

Er ist wohl der bekannteste Vertreter der Gattung. Es handelt sich um eine amazonische Art, die bei Santarém in Brasilien fast nur blaue, bei Belém aber auch rote Farbzonen zeigt. Sie besiedelt, meist in großer Zahl, klare Bäche und Tümpel, die oft stark durch Sumpf- und Wasserpflanzen (*Cabomba*, *Myriophyllum*, *Eichhornia*, *Utricularia*, *Ludwigia*) verkrautet sind und deren Grund häufig mit totem Laub und verrottendem Holz bedeckt ist. *L. flamannellus* aus Amazonien sieht sehr ähnlich aus und verhält sich ebenso.

Größe:
♂ 7-8 cm, ♀ 6 cm

Aquarium:
L 70, T 40-45, H 45

Temperatur: 25-27 °C

Zuchtwasser:
bis 15 °dGH/KH,
pH 6,5-7,2

Dieses Weibchen von *L. curviceps* bewacht ein Gelege.

Männchen von *L. dorsigera* aus dem Pantanal in Brasilien.

Größe:
♂ 7-8 cm, ♀ 6 cm

Aquarium:
L 70, T 40-45, H 45

Temperatur: 25-27 °C

Zuchtwasser:
bis 15 °dGH/KH,
pH 6,5-7,2

Roter Tüpfelbuntbarsch

Laetacara dorsigera

Die weit verbreitete Art kommt in Brasilien, Bolivien, Paraguay und sogar in einigen Bereichen Argentiniens vor und wird im Handel häufig angeboten. Es gibt mehr oder weniger rot gefärbte Lokalformen, die zum Teil in schlammigen Tümpeln fast ohne Versteckmöglichkeiten, aber auch in dicht bewachsenen Teichen mit nahezu geschlossener Schwimmpflanzendecke leben. Bei Gefahr von unten springen erschreckte Tiere auf Schwimmpflanzenblätter, wo sie bis zu fünf Minuten bewegungslos liegen bleiben.

Links:
Weibchen von *L. dorsigera* beim Bewachen eines Geleges.

Rechts:
L. dorsigera, Weibchen aus Bolivien in Normalfärbung.

Laetacara araguaiae, jugendliches Weibchen ohne (!) Rückenflossenfleck.

In diesem Tümpel im Pantanal südlich von Arica lebt *L. dorsigera*.

Buckelkopf-*Laetacara*

Laetacara araguaiae

Seinen deutschen Handelsnamen hat er wegen des bulligen Kopfprofils der Männchen erhalten. Er ist leicht an einem auf dem Kiemendeckel rechtwinklig nach unten abknickenden schwarzen Längsband zu erkennen. Bezüglich der Rotanteile kann er stimmungs- und umgebungsabhängig sehr variabel gefärbt sein. Je nach Lichteinfall glänzen die Schuppen auf den Körperseiten stark golden und brutpflegende Tiere, besonders die Weibchen, färben sich sehr dunkel. Die Art ist in Brasilien im Einzugsgebiet von Araguaia und Tocantins, aber auch des Xingú und Paraná in kleinen Wasserläufen und Tümpeln zu finden, ebenfalls im Flachwasser großer Flüsse in Ufernähe.

Diese Arten sind keine ausgesprochenen Bodenbewohner. In der Natur findet man sie in oder direkt unter dichten Schwimmpflanzen-Polstern (*Eichhornia*), und auch im Aquarium stehen sie gern unter Schwimmpflanzen, also näher an der Wasseroberfläche als am Grund. Fehlt die Abschattung von oben oder die Möglichkeit, sich zwischen Schwimmpflanzen zu verstecken, werden bevorzugt Bereiche aufgesucht, wo der Boden aus Polstern feinfiedriger Pflanzen besteht, in die sie jederzeit blitzschnell abtauchen

Größe:
♂ 7-8 cm, ♀ 6 cm

Aquarium:
L 70, T 40-45, H 45

Temperatur: 25-27 °C

Zuchtwasser:
bis 15 °dGH/KH,
pH 6,5-7,2

Links:
Hier balzt ein Paar – vorn das Weibchen.

Rechts:
Hier hat das Männchen sein Weibchen bei der Brutpflege abgelöst.

und verschwinden können. Obwohl diese Arten in ihrer Heimat sehr weiches und auch saures Wasser besiedeln, fühlen sie sich auch in mineralreichem Wasser mit pH-Werten um und leicht über 7 wohl und schreiten dann auch willig zur Fortpflanzung.

Fortpflanzungsverhalten

Es handelt sich um Offenbrüter, die ihre Eier nicht verstecken, weshalb diese nicht auffällig sein dürfen. Meist sind sie glasig-farblos, bestenfalls bernsteinfarben, aber auch klein und eiförmig bzw. gleichmäßig oval. In ihrer größten Ausdehnung messen sie zwischen einem und knapp zwei Millimetern, wobei die genaue Größe von Art zu Art – und auch im Gelege geringfügig – unterschiedlich ist. Man nennt sie ‚L-Typ-Eier', weil sie mit einer Längsseite haften. Sie kleben mit einer das Ei umgebenden Schleimschicht an der Unterlage, in die allerfeinste, aus der Ei-Membran entspringende Haftfäden eingebettet sind. Im Vergleich zu den Eiern von Buntbarschen anderer Brutpflegeformen ist ihre Zahl deutlich größer.

Weibchen aus dem Pantanal in extremer Brutpflegefärbung.

Bei den *Laetacara* sind die kleineren Weibchen an ihrem deutlicheren Rückenflossenfleck zu erkennen. Sie setzen ihre Gelege auf kleinen Steinen, Wurzeln und Pflanzenblättern, gelegentlich aber auch in Sandmulden ab. Oft dominiert bei der Gelegebetreuung

Weibchen aus Bolivien mit Jungfischen.

nicht wie bei anderen Gattungen das Weibchen, sondern das Männchen, das dann fächelnd über den bis zu 500, kaum einen Millimeter großen Eiern steht, während die aggressiven, dunkel gefärbten Weibchen mit blitzschnellen Angriffen Feinde verjagen. Erst wenn die Larven in einer Mulde am Boden zappeln, teilen sich beide Partner die Brutpflege. Schwimmen die Jungen rund vier Tage nach dem Schlupf frei, werden sie von den Eltern gemeinsam bewacht. Im Algenaufwuchs oder im Mulm lange eingerichteter Aquarien finden die sehr kleinen Jungfische genug Nahrung, um die ersten Tage zu überstehen.
Eine Anfütterung mit Essigälchen und winzigen Grindalwürmchen kann dennoch sehr nützlich sein.

Männchen von *L. dorsigera* aus dem Pantanal über dem Gelege.

Prächtig gefärbtes *Mikrogeophagus-ramirezi*-Weibchen der Wildform.

Gattung *Mikrogeophagus*

In diesem flachen See in der venezolanischen Savanne lebt *M. ramirezi*.

Schmetterlingsbuntbarsch

Mikrogeophagus ramirezi

Diese Art mit dem schönen deutschen Populärnamen wird etwas mehr als vier Zentimeter groß und lebt in Südamerika in den Savannengebieten Venezuelas und Kolumbiens, wie auch im oberen Río-Meta- und Río-Vichada-Einzug. Sie besiedelt sowohl klare als auch trübe Seen und Überschwemmungsteiche der Savanne, die mit Schilf, Sumpf- und Wasserpflanzen umgeben sind. Der Grund ist meist sandig, oft aber auch weich, manchmal treiben schwimmende Wiesen an der Wasseroberfläche. Auch in Randbereichen von Flüssen mit erheblicher Fließgeschwindigkeit kommt sie vor,

Größe:
♂ 5,5 cm, ♀ 4,5 cm

Aquarium:
L 50, T 30-40, H 30

Temperatur: 26-30 °C

Zuchtwasser:
bis 17 °dGH/KH,
pH 5-7,3

So sieht das dazugehörige Männchen aus.

In solchen verkrauteten Tümpeln, die mit Schilf umstanden sind, kommen beide *Mikrogeophagus*-Arten vor.

wo das Wasser klar und der Bodengrund sandig und steinig ist. Hier bieten ihnen totes Laub und Holz Versteckmöglichkeiten. In der Natur weist das Wasser kaum Härtebildner auf (bis 1 °dGH/KH) und niedrige pH-Werte (in der Regel deutlich unter 7).

Fortpflanzungsverhalten

Zur Laichzeit wird die Bauchregion der kleineren Weibchen intensiv rot. Verlängerte vordere Rückenflossenstacheln, die früher nur den Männchen zugesprochen wurden, bilden zumindest bei Wildfängen auch Weibchen aus. Die Zucht importierter Exemplare gelingt nicht leicht. Eier und Larven der Offenbrüter entwickeln sich nur in saurem, weichem Wasser. Nachzuchttiere sind weniger anspruchsvoll, leider aber oft schlechte Brutpfleger. Normalerweise befächeln beide Elterntiere abwechselnd zwei Tage lang das Gelege. Nach dem Schlüpfen bringen sie die Larven in zuvor ausgehobene Bodenmulden und transportieren sie durch ihr gemeinsam verteidigtes Revier. Wenn die manchmal aus über 500 Tieren bestehenden Jungfischschwärme das Nest verlassen, haben die Eltern große Mühe, sie zusammenzuhalten. Die kleinen Jungfische bewältigen nicht in jedem Fall *Artemia*-Nauplien. Als Erstfutter muss man daher zusätzlich Mikrowürmchen reichen.

Schmetterlingsbuntbarsche erweisen sich oft als hinfällig. Wenn man zu viel füttert, sterben sie häufig an Darmerkrankungen. Oft fressen sie ihre Brut beim Schlupf der Larven oder sogar schon die Eier, wohl weil sie als Jungfische nicht von ihren Eltern gepflegt, sondern künstlich aufgezogen wurden. Vor allem in Südostasien werden Schmetterlingsbuntbarsche für den Zierfischhandel gezüchtet, die größer werden als die Naturform und mehr blaue Tüpfel haben, aber auch extreme Farbformen wie etwa schwarze (mit dunklem oberen Körperbereich), goldene (fast ohne Blaufärbung) und der 'Electric Blue' (mehr oder weniger ganzflächig blau), sowie auch albinotische. In weichem Wasser aufgezogene Exemplare der Naturform sollen deutlich intensivere Farben zeigen als solche aus härterem Wasser.

Erwachsenes Männchen einer bläulichen Population von *M. altispinosus*.

Bolivianischer Schmetterlingsbuntbarsch

Mikrogeophagus altispinosus

Größe:
♂ 9 cm, ♀ 8 cm
Aquarium:
L 60, T 30-40, H 35
Temperatur: 26-30 °C
Zuchtwasser:
bis 15 °dGH/KH,
pH bis 7,5

Wie der Name zeigt, stammt die Art aus Bolivien. Auch hier werden die Männchen etwas größer und entwickeln länger ausgezogene Rücken-, After- und Schwanzflossenzipfel. Die Körperform der Weibchen scheint zudem etwas gedrungener, und gelegentlich zeigen diese zwei Körperflecke und nicht nur einen.

Über den heimatlichen Lebensraum liegen nur wenige Daten vor. In der Nähe der Stadt Trinidad in Bolivien lebt *M. altispinosus* in unbeschattetem, trübem Restwasser, das bei 27 °C einen pH-Wert von 7,6, 4 °dGH und KH, sowie 123 µS aufwies. Im Aquarium ist die Art wenig anspruchsvoll und laicht problemlos in mittelhartem, leicht alkalischem Wasser. Empfehlenswert ist die Pflege im Trupp, wozu das Aquarium größer sein muss. Die Fische besetzen dann Mini-Territorien, die sie durch stark ritualisierte Kampfgebärden verteidigen, ohne dass es zu Verletzungen kommt. Gegenüber artfremden Fischen wie Salmlern, die die mittleren und oberen Wasserschichten besiedeln, verhalten sie sich außerhalb der Brutpflegephase völlig indifferent.

So sieht das zugehörige Weibchen aus.

Bei diesem Paar, das ein Gelege betreut, geht der Hinterkörper ins Grünliche über.

Fortpflanzungsverhalten

Etwa acht Monate alte Männchen balzen mit aufgestellten Flossen bei gleichzeitigem Schwanzschlagen, gelegentlichem Kopfrütteln und Körperzittern zu einem ausgewählten Laichsubstrat hin – Verhaltensweisen, mit denen dann auch die Weibchen antworten. Die Art laicht auch in Bodenmulden, bevorzugt aber auf Steinen, und der Laich wird fast ausschließlich vom Weibchen bewacht, belutscht und befächelt. Das Männchen übernimmt die Revierverteidigung und löst das Weibchen immer nur kurz bei der Brutpflege ab. Die Tiere spucken Sand über ihr Gelege, um es zu tarnen. Nach dem Schlupf werden die Larven in zuvor ausgehobene Bodenmulden gebracht und gelegentlich umgebettet. Bei Gefahr nimmt vor allem das Männchen die Larven ins Maul und entlässt sie erst wieder, wenn es sich sicher fühlt. Womöglich handelt es sich um eine Vorstufe des Maulbrütens. Die Larven schlüpfen bei 25 bis 27 °C nach etwa 53 Stunden, und bis zum Freischwimmen der Jungen vergehen weitere 90 Stunden. Schwimmen die Kleinen auf, betreibt auch das Männchen ständig direkte Brutpflege. Die Jungfische nehmen sofort frisch geschlüpfte Salinenkrebschen an.

Links: Die dunklen Flecke auf den Eiern zeigen die Schlupfreife an.

Rechts: Hier führt ein Weibchen seine Babys durchs Aquarium.

Das Weibchen hat das Gelege mit Sand getarnt.)

Die glänzenden Zwerge

Großes Bild: In solchen Criques (Bächen) lebt *Nannacara anomala*.

Nannacara aureocephalus besiedelt bevorzugt klare Schwarzwasserbäche.

Gattung *Nannacara*

Die *Nannacara* sind dem Gattungsnamen nach ‚kleine Acara' (kleine Buntbarsche). Es gibt mehr als die hier behandelten Arten, die aber bisher nicht beschrieben sind.

Männchen von *N. anomala*.

Weibchen von *N. anomala* mit Gelege.

Glänzender Zwergbuntbarsch

Nannacara anomala

Das Verbreitungsgebiet erstreckt sich über das Küstentiefland von Guyana, Surinam und das nördliche Französisch-Guyana. Die Art gilt heute als einfach zu pflegen, pflanzt sich im Aquarium willig fort und bildet eine Mutterfamilie. *N. anomala* zeigt deutlich ausgeprägte Geschlechtsunterschiede. Die Männchen werden doppelt so groß wie die Weibchen und bekommen lang ausgezogene Rücken- und Afterflossenspitzen; der grünblaue Metallglanz ihrer Körperseiten erklärt die deutsche Bezeichnung.

Fortpflanzungsverhalten

Nannacara anomala laicht, meist ohne auffällige Balz, auf Blättern, Wurzeln oder Steinen, aber gern versteckt, manchmal gar in Höhlen. Die 50 bis 300, dicht an dicht mit einer Längsseite angeklebten transparenten Eier bilden meist kreisförmige Gelege. Die Larven schlüpfen bereits nach 48 Stunden und ‚schwänzeln' anfangs besonders stark. Die direkte Brutpfle-

Größe:
♂ 10 cm, ♀ 5 cm

Aquarium:
L 60, T 40, H 40

Temperatur: 26-30 °C

Zuchtwasser:
bis 15 °dGH/KH,
pH bis 7,5

ge ist Sache der Weibchen. Sie zeigen dann zwei kräftige Längsbinden und dazwischen und darüber liegende dunkle Flecke. Sieben Tage nach dem Laichen schwimmen die Jungfische frei. Seitwärts ruckend hält das Weibchen den Schwarm zusammen – oder die Eltern, denn in größeren Aquarien beteiligen sich manchmal auch die Männchen an der Brutpflege, verteidigen das Umfeld oder führen, sofern das Weibchen es zulässt, einen Teil des Jungfischschwarms. Bei heftigen und schnellen Bewegungen der Eltern versammeln sich die Jungfische dicht beieinander. Schießen die Alttiere mit ruckartigen Schwimmbewegungen davon, lassen sich die Jungen auf den Boden sinken und erheben sich erst wieder, wenn die Eltern ruckend über ihnen auftauchen. Hin und wieder kauen *Nannacara*-Weibchen größere Futterbrocken vor und spucken sie zerkleinert in den Schwarm der Jungfische. Die Brutpflege dauert in der Regel wenigstens vier Wochen.

Der goldene Kopf der Männchen von *N. aureocephalus* ist namensgebend.

Goldkopf-Zwergbuntbarsch

Nannacara aureocephalus

Größe:
♂ 10 cm, ♀ 5 cm

Aquarium:
L 80, T 40-50, H 40

Temperatur: 26-30 °C

Zuchtwasser:
bis 7 °dGH/KH,
pH bis 7

Die Art kommt in Französisch-Guyana im Mana-Einzug vor. Bei Meldungen von weiter östlichen Fundorten bis zum Oyapoque könnte es sich um abweichend aussehende Lokalformen, aber auch um unbeschriebene Arten handeln. Die Art lässt sich anhand des Punktmusters im weichstrahligen

Weibchen von *N. aureocephalus* mit Jungfischen.

Bereich der unpaarigen Flossen, des schmaleren Längsbandes und der rot getüpfelten Kiemendeckel gegen *N. anomala* abgrenzen. Außerdem sind die hellen Schuppen dunkel gerandet, bei *N. anomala* ist es umgekehrt.

Die Art bewohnt bis zwei Meter tiefe Regenwaldbäche und -tümpel mit bräunlichem, aber klarem Wasser (0 bis 3 °dGH, pH 4 bis 6, 23 bis 30 °C), im Aquarium gelingt die Zucht aber auch in weniger saurem Wasser. Die Bäche des heimischen Lebensraums sind manchmal völlig überwuchert und damit stark abgeschattet, ja dunkel. Der Boden besteht aus weißem Sand und ist mit Grünalgen und Holz, totem Laub, Fadenalgen, Detritus und *Cabomba*-Beständen bedeckt. Wahrscheinlich fressen die Fische verschiedene Wasserinsekten und Garnelen.

Fortpflanzungsverhalten

Nannacara aureocephalus gilt als recht scheu und eher schwierig, zumindest was die Zucht angeht. Die Art zeigt ein sehr unterschiedliches Fortpflanzungsverhalten. Gibt es viele Verstecke und bietet das Aquarium viel Platz, betreut ein Männchen einen Harem von Weibchen, die in Höhlen ablaichen, und zwar auch an deren Decke. Ansonsten laichen diese Buntbarsche wie Offenbrüter, wobei die Weibchen bei der direkten Brutpflege dominieren, die Männchen das Umfeld verteidigen. Die Larven schlüpfen nach 24 bis 36 Stunden und schwimmen vier oder fünf Tage später frei. Meist gelingt es nur in wirklich großen Aquarien, mehrere der untereinander recht aggressiven Männchen zu vergesellschaften.

Ivanacara-adoketa-Männchen in Normalfärbung.

Zebra-Acara

Ivanacara adoketa

Größe:
♂ 12 cm, ♀ 8 cm
Aquarium:
L 80-100, T 40-50, H 40
Temperatur: 26-30 °C
Zuchtwasser:
bis 3 °dGH/KH, pH 4-5

Diese früher als *Nannacara* geführte monotypische Gattung (es gibt nur diese eine Art) scheint nur im mittleren und oberen Rio-Negro-System vorzukommen, wo sie in knapp 20 Zentimeter tiefen Klarwasserbächen (24 bis 27 °C, pH 4 bis 5) über dicken Schichten aus Mulm, Blättern und Zweigen lebt. In der Natur drehen die Tiere – wie übrigens auch die *Dicrossus* – zielstrebig Blätter um und suchen darunter nach Futter – kleine Kruster, Wasserinsekten, Würmer und tierisches Plankton, weshalb man sie im Aquarium am besten mit Lebend- und Frostfutter aus dem Gartenteich (Wasserflöhe, *Cyclops*, Fliegen- und Weißen sowie Schwarzen Mückenlarven) und ab und zu auch lebenden Grindalwürmern füttern sollte.

Das Zeichnungsmuster besteht aus sieben dunklen Querbinden (was den Populärnamen erklärt), die durch ein schwach ausgeprägtes Längsband miteinander verbunden sein können. Ihre Intensität ist von der Stimmung der Fische abhängig. Wegen der hohen innerartlichen Aggressivität sollte man sie nicht paarweise halten. Als Gruppe in einem etwa 150 Zentimeter langen Aquarium gepflegt, erweisen sie sich dagegen als gesellig. Sie fechten zwar eine Rangordnung aus, respektieren dann aber bestehende Kräfteverhältnisse.

Links: Aggressiv gestimmte Exemplare sind kräftig gebändert.

Ivanacara adoketa besiedelt Schwarzwasser, dessen Säuregehalt das Wasser bei Bewegung aufschäumen lässt.

Fortpflanzungsverhalten

Die Zucht bzw. die Aufzucht der Jungen gelingt nur in sehr saurem Wasser und gilt als schwierig. Laichreife Weibchen bekommen dunkle Vertikalstreifen, die zum Kopf hin an Intensität zunehmen. Zum Höhepunkt der Balz zeigen sie schwarze Binden, einen rußig-schwarzen Kopf und einen dunklen Bauch. Die Eiablage kann sowohl an der Unterseite als auch auf der Oberseite von Holzwurzeln erfolgen. Die Gelege umfassen 200 bis 300, zwei bis drei Millimeter messende, bernsteingelb-transparente Eier. Beide Partner beteiligen sich an der Brutpflege, bei der das Weibchen allerdings dominiert. Bis zum Schlupf der Larven vergehen je nach Temperatur 4 bis 5, bis zum Freischwimmen der Jungen 12 bis 13 Tage. Die Kleinen kann man mit *Artemia*-Nauplien anfüttern.

Die Schachbrett-Schwertschwänze

In fast stehendem Restwasser halten sich die *Dicrossus* über Holzresten, Laub und anderem Detritus auf.

Gattung *Dicrossus*

Die Gattung *Dicrossus* besteht derzeit aus zwei schon vor vielen Jahren bekannten Arten, nämlich dem Rundschwanz-Schachbrettbuntbarsch *D. maculatus* und dem Gabelschwanz-Schachbrettbuntbarsch *D. filamentosus* sowie drei erst in jüngerer Zeit beschriebenen Arten, *D. gladicauda*, *D. foirni* und *D. warzeli*. Sie alle sind sehr gestreckte ‚Zwergbuntbarsche'. Ihr Zeichnungsmuster besteht aus zwei Reihen schachbrettmäßig angeordneter Flecke auf den Körperseiten; ein Unteraugenstreifen fehlt, aber es gibt einen kommaförmig nach vorn gebogenen feinen Strich auf dem oberen Augenrand.

Dicrossus maculatus, balzendes Männchen.

Rundschwanz-Schachbrettbuntbarsch

Dicrossus maculatus

Seine Heimat ist der untere Amazonas-Einzug in Brasilien, wo diese Fische in den flachen Randzonen größerer Flüsse oder kleinen Bächen und Tümpeln leben. Die Biotope sind oft dicht mit – meist feinblättrigen – Wasserpflanzen bestanden. Die nur selten eingeführte Art erkennt man an der ovalen bis lanzettförmigen Schwanzflosse der Männchen.

Größe:
♂ 9 cm, ♀ 5 cm
Aquarium:
L 50, T 30-40, H 30
Temperatur: 26-30 °C
Zuchtwasser:
bis 3 °dGH/KH,
pH 4-5

Dicrossus maculatus, am Fundort in der Fotoküvette fotografiert.

Dicrossus filamentosus, prachtgefärbtes Männchen.

Gabelschwanz-Schachbrettbuntbarsch

Dicrossus filamentosus

Größe:
♂ 7,5 cm, ♀ 5 cm
Aquarium:
L 50, T 30-40, H 30
Temperatur: 26-30 °C
Zuchtwasser:
bis 3 °dGH/KH,
pH 5-6,5

Diese Art wird nicht ganz so groß, ist aber schlanker und die Schwanzflosse der Männchen zweizipfelig. Sie ist fast immer im Handel zu finden und lebt im Rio Negro und im Orinoko-Einzug in Kolumbien und Venezuela.

Dieses mehr rötliche Töne zeigende Männchen legt unterwürfig seine Flossen an.

Das ‚Oberschwert' dieses Männchens verrät *Dicrossus gladicauda*.

Schwertschwanz-Schachbrettbuntbarsch

Dicrossus gladicauda

Bei den Männchen dieser Art ist die Schwanzflosse nur oben faden- oder schwertartig verlängert, unten dagegen abgerundet. Auch diese Art lebt im Grenzbereich von Kolumbien und Venezuela in Orinoko-Zuflüssen, kleinen Bächen und Pools.

Größe:
♂ 5,5 cm, ♀ 4 cm
Aquarium:
L 50, T 30-40, H 30
Temperatur: 26-30 °C
Zuchtwasser:
bis 3 °dGH/KH,
pH 5-6,5

Weibchen mit einem Gelege auf einem Pflanzenblatt.

Weibchen mit schon drei Wochen alten Jungfischen.

Paar von *Dicrossus foirni*; die Männchen sind eine Augenweide!

Größe:
♂ 10 cm, ♀ 6 cm

Aquarium:
L 50, T 30-40, H 30

Temperatur: 26-30 °C

Zuchtwasser:
bis 3 °dGH/KH,
pH 5-6,5

Foirn-Schachbrettbuntbarsch

Dicrossus foirni

D. foirni ist nach einer Schutzbehörde für indigene Stämme vom oberen Rio-Negro-Einzug benannt, die das Fischen in diesem Gebiet erlaubte. Bisher kennen wir die Art nur von dort, so etwa aus dem Rio Maraniá, wo sie in extrem weichem und saurem Wasser lebt (pH < 5; 10 µS).

Die larvophilen Maulbrüter

Die *Bujurquina* besiedeln Klarwasserbäche mit steinigem Grund.

Gattung *Bujurquina*

Stellenweise kann das Wasser stark strömen.

Die mehr als 2o beschriebenen und unbeschriebenen Arten stammen meist aus Peru. Die Pflege ist einfach und das Fortpflanzungsverhalten dieser Maulbrüter ist sicher für den aquaristischen Einsteiger besonders interessant. Ihr charakteristisches Zeichnungsmuster besteht aus einem Winkelband, dessen vorderer, oberer Teil über dem Auge schräg nach vorn verläuft. Der horizontal über den Körper verlaufende Teil ist manchmal unterbrochen oder in Flecke aufgelöst und reicht bis zur Körpermitte oder zum Ende, manchmal auch bis kurz hinter das Ende der Rückenflosse. Schon bei Größen um sieben Zentimeter werden die Arten geschlechtsreif und die größeren Männchen bleiben auch ausgewachsen mit 13 bis 14 Zentimeter Gesamtlänge relativ klein. Sie sind friedlich, nur zur Fortpflanzungszeit territorial und fressen keine Pflanzen.

Bujurquina vittata, balzendes Männchen.

Größe:
♂ 14 cm, ♀ 10-11 cm

Aquarium:
L 70-80, T 40-50, H 40

Temperatur: 24-27 °C

Zuchtwasser:
bis 12 °dGH/KH,
pH 6-7,5

Gebänderter Buntbarsch

Bujurquina vittata

Dies ist die bekannteste und deshalb leicht zu erkennende Art, weil das Winkelband auf der Körperachse abknickt und – nur bei dieser Art! – auf der Körpermitte endet. *B. vittata* bewohnt nahezu den gesamten Paraguay-Einzug in den Staaten Brasilien, Bolivien, Paraguay und Argentinien sowie den Unterlauf des Paraná. Die weiteren Arten sind bei ähnlichen Pflegeparametern gut zu halten und zur Fortpflanzung zu bringen. Einige sind hier auch abgebildet.

Sie alle sind typische Bewohner von Waldbächen und haben eine Vorliebe für Klar- und/oder Schwarzwasser, wobei sie auch Habitate mit schnell wechselndem Wasserstand besiedeln, also etwa die flachen

Ein Weibchen laicht auf einem Holzstückchen.

Die Jungfische drängeln am Maul.

Im Schutz der Mutter suchen die Jungen nach Futter.

Uferzonen größerer Flüsse oder bei Niedrigwasser trockenfallende Bachläufe. Meist sind die Gewässer klar und weitgehend frei von Härtebildnern, sodass die Karbonat- und Gesamthärte in der Regel niedrig liegen. Die pH-Werte bewegen sich fast immer um den Neutralpunkt oder darunter. Im Aquarium fühlen sie sich aber auch bis etwa 12 °dGH oder sogar mehr und pH-Werten bis 7,5 wohl. Die Temperatur muss weder hoch noch dauerhaft konstant sein. Alle Arten fressen industriell hergestelltes Futter wie Sticks, Granulat, Pellets oder Flocken ebenso wie Frostfutter (*Artemia*, *Mysis*, Mückenlarven, Krill...) und können in relativ kleinen Aquarien von 70 bis 80 x 40 bis 50 Zentimeter Grundfläche gepflegt und gezüchtet werden. Da sie keine Pflanzen fressen und nicht graben, kann man das Aquarium bepflanzen. Wurzeln, Steine und festes totes Laub (etwa Buchenblätter) sollten aber keinesfalls fehlen.

Die Männchen werden etwa zwei bis vier Zentimeter größer als die Weibchen, besitzen eine stärker ausgefranste Schwanzflosse und längere Rücken- und Afterflossenspitzen. In der Natur laichen *Bujurquina* gern auf toten Blättern, im Aquarium auch auf großflächigen horizontalen Pflanzenblättern oder auf kleinen Holzstückchen oder Schieferplättchen.

Links: Diese *B. peregrinabunda* haben auf einem Schieferplättchen gelaicht.

Rechts: Die Mutter hält engen Kontakt zum Gelege.

Fortpflanzungsverhalten

Die Paarbildung beginnt damit, dass ein Männchen und ein Weibchen gemeinsam verschiedene Blätter auf ihre Tauglichkeit als Laichsubstrat prüfen. Sie begutachten sie, zerren an ihnen herum und schleppen sie umher. Zwischenzeitlich wird gebalzt, wobei sie sich einander präsentieren, indem sie die Flossen imponierend spreizen, um den eigenen Körperumfang zu vergrößern, sich umschwimmen und Stärke zeigen, indem sie sich, zumindest anfangs, noch häufig bedrohen. Später beginnen sie mit dem ‚Scheinlaichen': Die Partner gleiten abwechselnd über das Laichsubstrat, ohne schon Eier oder Spermien abzugeben. Das geschieht erst nach dem Putzen der Unterlage. Dicht an dicht heftet das Weibchen, wie die Offenbrüter, kleine, bernsteinfarbene ‚L-Typ-Eier' auf das Substrat, die vom Männchen besamt werden. Ein Gelege kann 50 bis über 400 Eier umfassen, meist liegen die Eizahlen aber zwischen 80 und 150. Bei der sich anschließenden Eipflege fächelt das Weibchen öfter und länger als das Männchen; es bepickt die Eier auch häufiger. Bei Störungen schleppen sie das Substrat fort oder drehen es einfach um! Dann befinden sich die Eier auf der Unterseite und sind für Fressfeinde nicht mehr zu entdecken. Sie können also ihr Gelege in Sicherheit bringen oder bei Wasserstandsschwankungen in andere Gewässerzonen schaffen.

Larvophile Maulbrüter

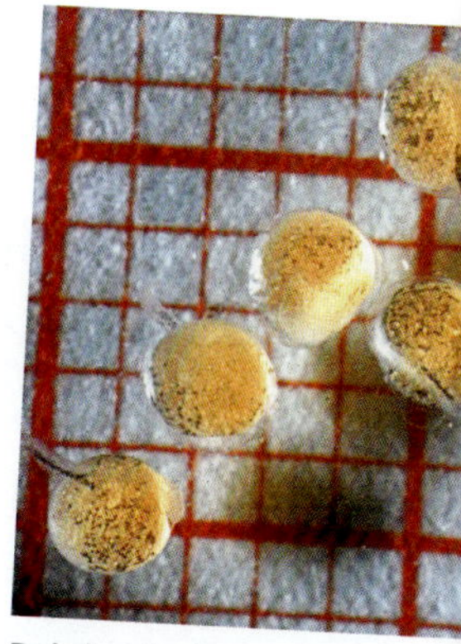

Bei der Aufnahme ins Maul sind die Larven ‚Dotterkugeln mit Schwänzen'.

Wenn die Eier schlupfreif sind, sehen sie gefleckt aus. Diese Markierungen zeigen der Mutter an, dass sie die Embryonen aus den Eihüllen lösen und ins Maul aufnehmen kann. Manchmal beteiligt sich auch das Männchen an der Larvenaufnahme. Je früher sie erfolgt, umso spezialisierter ist die Art. *Bujurquina vittata* nimmt die Larven bei 27 °C schon nach 27 bis 40 Stunden auf. Die Mutter bzw. die Alttiere müssen die Larven aus den Eiern saugen oder picken, denn die Larven sind zu diesem Zeitpunkt lediglich Dotterkugeln mit winzigen Schwänzchen. Will man die Eier also künstlich erbrüten, ist eine mechanische Schlupfhilfe erforderlich. Gute Dienste leistet eine kräftige Wasserströmung, die die Eier ständig bewegt. Die Eihüllen bleiben übrigens – deutlich sichtbar – auf der Unterlage zurück.

Da die *Bujurquina* nicht wie ovophile (eierliebende) Maulbrüter bereits die Eier, sondern erst Larven aufnehmen, nennt man sie larvophile (larvenliebende) Maulbrüter. Maulbrütende Alttiere führen kauende Bewegungen aus, um die Larven umzuschichten und um ihnen frisches Wasser zuzuführen. Bei der Maulbrutpflege wechseln sich die Eltern ab, sodass immer ein Tier fressen kann, während das andere die Larven trägt. Sind die Jungfische etwa eine Woche später voll entwickelt, verlassen sie das Maul als frei schwimmende Jungfische und fressen sofort *Artemia*-Nauplien. Danach werden die auffällig dunkel geringelten Jungen noch eine Zeit lang von den Eltern bei Gefahr und zur Nacht ins Maul genommen. Später ist das allerdings nur noch selten der Fall, doch verteidigen die Eltern nach wie vor ihr Revier, in dem sich die Jungen weiterhin aufhalten.

B. moriorum spuckt seine Jungfische aus.

Hier werden sie wieder eingesammelt.

Aus dem Reich der Inka

Foto: Peto, Fotolia

Die *Tahuantinsuyoa* leben in Pools stark strömender und steiniger Fließgewässer.

Gattung *Tahuantinsuyoa*

Die Gattung ist nach der Bezeichnung für das Inka-Reich Tahuantinsuyo (in der Quechua-Sprache: das Reich der vier Himmelsrichtungen) und die unten beschriebene Art aus den Shipibo-Wörtern für Stein (macan) und Fisch (tzatza) zusammengesetzt.

Tahuantinsuyoa macantzatza, erwachsenes Männchen.

Inka-Steinbuntbarsch

Tahuantinsuyoa macantzatza

Größe:
♂ 12 cm, ♀ 10 cm
Aquarium:
L 70, T 40, H 40
Temperatur: 24-27 °C
Zuchtwasser:
bis 12 °dGH/KH,
pH 6-8

Diese aquaristisch verfügbare Art stellt ähnliche Ansprüche an die Pflege und vermehrt sich auf dieselbe Weise wie die *Bujurquina*. Sie besiedelt weitgehend Biotope mit steinigem, gerölligem Grund und schnell fließendem Wasser im Aguaytía-Einzug in Peru; beschrieben wurde sie aus dem Río Pachitea (25-28° C, pH 6,0-8, Leitfähigkeit um 50 Mikrosiemens bzw. 2-3 °dGH). Ein dunkles Band verläuft von hinter dem oberen Augenrand schräg nach hinten (und nicht schräg nach vorn wie bei den *Bujurquina*) und bildet mit einem etwas schwächeren Längsband von hinter dem Auge bis zu einem auffälligen Seitenfleck einen spitzen Winkel. Dahinter befinden sich fünf (mit dem immer sichtbaren Schwanzfleck sogar sechs) latent vorhandene Querbinden, in deren erste der Seitenfleck integriert ist. Auch der Steinfisch ist ein empfehlenswerter Pflegling für das kleinere Aquarium, der mit mittelwertigem Wasser zufrieden ist, sich nicht an Pflanzen vergreift, nicht gräbt und sich nur dann angriffslustig zeigt, wenn er seine Brut verteidigt.

Der Inka-Steinfisch bei der Balz.

Umfangreich und sehr beliebt

Gattung *Apistogramma*

Foto B. Schmidt

Die *Apistogramma* – hier *A. steindachneri* – heften ihre Eier in einer Höhle an die Decke.

Foto B. Schmidt

Hier schaut ein Weibchen von *A. steindachneri* mit seinen Jungen aus der Bruthöhle.

Für Aquarianer ist die Gattung *Apistogramma*, deren Name auf die häufig zurückgebildete Seitenlinie anspielt, von besonderem Interesse. Sie umfasst derzeit über 90 beschriebene und etwa noch einmal so viele unbeschriebene Arten, die meist mit Herkunftsnamen oder beschreibenden Handelsnamen belegt werden. Unter ihnen gibt es Arten, in deren natürlichem Lebensraum die Wasserwerte denen in den Vorkommensgebieten der *Bujurquina* ähneln, woraus sich ableiten lässt, dass sie vergleichsweise leicht zu pflegen und zu züchten sind. Aber auch andere, die durch jahrzehntelange Aquarienhaltung über viele Generationen hinweg domestiziert worden sind und daher geringere Ansprüche an die Wasserchemie stellen, was auch für die vielen Zuchtformen gilt. Drittens aber gibt es Schwarzwasser-Arten, die nach wie vor als heikel gelten und nur zur Vermehrung schreiten, wenn die Wasserwerte den heimatlichen Bedingungen ähneln.

Höhlenbrüter mit Haremsbildung

Die meisten Arten sind Höhlenbrüter mit sogenannter Mann-Mutter-Familie, die – je nach Beschaffenheit des Lebensraumes – unter Blättern, in Astlöchern oder unter und zwischen Steinen in engen Verstecken laichen und ihre Eier mit einem Pol (wir sprechen von ‚P-Typ-Eiern') an eine Höh-

Ein Paar von *A. panduro* inspiziert eine mögliche Bruthöhle.

lendecke und teilweise auch an die Höhlenwände kleben. Das macht Sinn, weil pflegende Elterntiere nicht auf den Eiern sitzen müssen und in engen Höhlen mehr Eier Platz haben, als wenn es sich um ‚L-Typ-Eier' handelte, weil jedes Ei ja nur den Platz seines Quer- und nicht seines Längsschnittes beansprucht. Hinzu kommt, dass der animale Pol nach unten gerichtet und somit für die Spermien leicht zugänglich ist. Die Eier sind zwar weniger zahlreich, aber – was ein Vorteil ist – größer und dotterreicher als ‚L-Typ-Eier' und deshalb orangefarben bis rotviolett. Sie haften mit einem Bündel aus so kurzen Fäden, dass sich die Eier bei der Brutpflege durch das Weibchen nicht oder kaum bewegen.

Die Männchen fast aller Arten tendieren dazu, ein Großrevier zu verteidigen, in dem sie einen Harem von Weibchen schützen, die in Kleinrevieren ihre Brut aufziehen.

Die natürlichen Lebensräume

Die *Apistogramma* leben in kleinen, manchmal kaum zehn Zentimeter tiefen Wasserläufen der Savannenlandschaften und der ursprünglich von Urwald bestandenen Regionen Südamerikas, wo an den Flussufern heute oft nur noch Saumwald steht und die in der Trockenzeit dann auch noch teilweise austrocknen, sodass sich die Fische in Restwassertümpeln mit stehendem Wasser wiederfinden, während sie das übrige Jahr in mehr

Sie leben in flachen Urwaldbächen und in deren Restwassertümpeln.

oder weniger strömenden Flüsschen und Bächen leben. Mal ist der Grund sandig bis steinig, mal fließt das nur wenige Zentimeter tiefe Wasser gemächlich über verrottendes Holz (Wurzeln, Äste, Zweige), vor allem aber über dicke Schichten toten Laubes, sodass kleine Fische jederzeit in den weichen Grund abtauchen und sich dort verstecken können. Dort finden sie aber auch Nahrung, etwa Ruderfußkrebse (*Cyclops*-Verwandte), Rädertiere, Muschelkrebse, Büschel- und Zuckmückenlarven.

Das Wasser kann vom Wald stark abgeschattet sein.

Die kleinen Bäche ergießen sich in größere Flüsse, deren Randbereiche dort von *Apistogramma* besiedelt werden, wo das Wasser strömungsarm, flach und verkrautet ist, teilweise von überhängender Vegetation abgeschattet wird und oft voller Laub liegt. In ruhigen Ausbuchtungen kann das Wasser sehr flach und sehr warm sein, und da die angeschwemmte Vegetation Schutz bietet, leben die Tiere hier oft in hoher Individuendichte. Zur Regenzeit gelangen die Fische aber auch mehr oder weniger weit in Überschwemmungsgebiete, wo ebenfalls keine Strömung vorhanden ist und werden, sobald der Wasserstand fällt, womöglich in Resttümpeln eingeschlossen. Deshalb werden sie auch in einem weitgehend strömungsarmen Aquarium durchaus zurechtkommen.

Wo das Sonnenlicht ungehemmt auf die Gewässer trifft, heizt es diese auf, wobei häufig submerse (untergetaucht wachsende) Wasserpflanzen für Abschattung sorgen. Stehende Gewässer werden oft von Schwimmpflanzen und sonstiger Vegetation derart überwachsen, dass sich dicke Pflanzenteppiche bilden, auf denen man womöglich gar herumlaufen kann. Aber natürlich gibt es auch durch Sand und Steine charakterisierte Zonen, in denen die kleinen Buntbarsche geschickt jede Nische als Versteck nutzen, sei es, um halbwegs geschützt heranzuwachsen, oder aber um dort zu laichen.

Gern halten sich die *Apistogramma* im Flachwasser auf.

Es reicht, wenn etwas Holz und Laub Verstecke bieten.

Aber auch zwischen Binsen im Flachwasser halten sie sich auf.

Hier rangeln zwei Männchen von *A. steindachneri* miteinander.

Foto: B. Schmidt

Steindachners Zwergbuntbarsch

Apistogramma steindachneri

Als vergleichsweise leicht zu pflegende und züchtende Art gilt *A. steindachneri* aus dem nordöstlichen Südamerika, wo sie im Osten Venezuelas, in Guyana und Surinam vorkommt. In der Natur besiedelt die Art weiches Wasser von 23 bis 28 °C bei pH-Werten von vier bis deutlich über den Neutralpunkt. Ihr Ablaichverhalten ist gattungstypisch, was bedeutet, dass die Weibchen die direkte Brutpflege übernehmen und das Männchen das Umfeld sichert. Die freischwimmenden Jungfische sind auch in Gesellschaft kleinerer Beifische leicht aufzuziehen.

Größe:
♂ 9 cm, ♀ 6 cm

Aquarium:
L 50, T 30, H 40

Temperatur: 23-28 °C

Zuchtwasser:
bis 12 °dGH/KH,
pH 4-7,5

Prachtgefärbtes Männchen von *A. linkei*.

Größe:
♂ 6 cm, ♀ 4 cm

Aquarium:
L 40, T 30, H 30

Temperatur: ab 20 °C

Zuchtwasser:
bis 11 °KH, 10 °dGH
pH 6,5-7,8

Gelbbrust-*Apistogramma*

Apistogramma linkei

Hübsch, unempfindlich und anpassungsfähig ist auch *A. linkei* – und eignet sich ebenfalls für erste Erfahrungen mit dieser Gattung. Dies gilt umso mehr, als die Fische auch mit kleinen Aquarien vorliebnehmen. Sie sind im Bereich des oberen Río Mamoré in den bolivianischen Provinzen Santa Cruz und Beni beheimatet. Die Art besiedelt mäßig strömende Wasserläufe, die zumeist Weidegebiete durchfließen, kommt aber auch in Weißwassertümpeln mit stehendem Wasser vor. Als Verstecke nutzen die Fische Gras und jede sonstige Vegetation, halten sich aber auch gern über Falllaubschichten auf. Zudem sind fast alle Heimatgewässer dieser Art mehr oder weniger dicht mit Schwimmpflanzen bedeckt. Das Wasser selbst ist weich und zeigt eine leicht saure bis alkalische Reaktion. Im Aquarium züchten die Fische problemlos auch in kühlem Wasser. Die Laichbereitschaft steigt allerdings mit der Wassertemperatur (bis 30 °C).

Bei *Apistogramma linkei* unterscheiden sich Männchen und Weibchen vom Körperbau her nur unwesentlich. Die Männchen entwickeln aber längere Bauch- und Rückenflossenstrahlen, außerdem werden sie größer und funkeln himmelblau, während Brust und Kiemendeckel großflächig gelb sind. Zu dieser Gelbfärbung bildet ein schwarzer Fleck auf den unteren

Kiemendeckelwinkeln einen markanten Kontrast. Die Weibchen entwickeln – wie die meisten Gattungsgenossinnen – in der Fortpflanzungszeit eine leuchtende Gelbfärbung und zeigen dazu schwarze Markierungen. Auch hier heften die Weibchen bis zu 150 weißliche, gelbliche oder rötliche Eier an eine vertikale oder überhängende Fläche, und die Larven schlüpfen am dritten Tag. Nach weiteren fünf bis sieben Tagen schwimmen die Jungen frei und verlassen unter der Obhut der Mutter ihr Versteck. Sie bewältigen von Anfang an frisch geschlüpfte *Artemia*-Nauplien. Normalerweise verteidigen die Männchen das Revier, während sich die Weibchen um das Gelege, die Larven und die freischwimmenden Jungfische kümmern.

A.-linkei-Paar mit Jungfischen.

Männchen von *A. erythrura.*

Größe:
♂ 6 cm, ♀ 4 cm
Aquarium:
L 50, T 30, H 30
Temperatur: ab 20 °C
Zuchtwasser:
bis 15 °KH/dGH
pH 6-6,5

Marmoré-*Apistogramma*

Apistogramma erythrura

Eine ähnliche Verbreitung, nämlich im Einzugsgebiet des unteren Río Mamoré in der Provinz Beni in Bolivien, hat *A. erythrura* – und ist ebenso leicht zu pflegen und zu vermehren wie die vorige. Die Art lebt in Klarwasserbächen und ufernah in Seen mit klarem, leicht saurem Wasser fast ohne Härtebildner. Bemerkenswert ist, dass sich die Tiere gern in den oberen Wasserschichten unter Schwimmpflanzen aufhalten und bevorzugt an der Unterseite von Blättern laichen. Bei 27 °C schlüpfen die Larven etwa drei Tage nach dem Ablaichen. Die Jungfische schwimmen nach fünf Tagen frei. Auch bei dieser Art sind die mehr oder weniger rotschwänzigen Männchen polygam, betreuen also einen Harem mehrerer Weibchen.

Männchen von *A. borellii* aus dem Mato Grosso.

Weibchen von *A. borellii* mit Jungfischen.

Gelber Zwergbuntbarsch

Apistogramma borellii

A. borellii ist über Brasilien, Bolivien und Paraguay bis nach Argentinien und Nordwest-Uruguay gewissermaßen von Nord nach Süd verbreitet und bevorzugt offensichtlich stehende oder nur mäßig fließende Klar- und Weißwasser-Habitate, die oft einen schlammigen oder zumindest weichen Grund haben, stark verkrautet und in weiten Bereichen mit Schwimmpflanzen bedeckt sind. Im Aquarium laicht die robuste Art in Wasser mit mittleren Härtegraden und einem pH-Wert um 7, was die Nachzucht einfach macht. Womöglich fressen die winzigen Jungfische während der ersten Tage keine *Artemia*-Nauplien, sodass man sie mit Mikro anfüttern muss.

Die Männchen sind polychromatisch, können also unterschiedlich gefärbt sein. Mal sind der Kopf und die Brust gelb und der übrige Körper einschließlich der Flossen blau, während Letztere bei anderen ins Gelbe ziehen. Die als ‚Opal' bezeichneten Männchen sind im Kopfbereich rot gezeichnet.

Größe:
♂ 6 cm, ♀ 4 cm

Aquarium:
L 50, T 30, H 30

Temperatur: ab 20 °C

Zuchtwasser:
bis 15 °KH/dGH
pH um 7

Männchen von *A. trifasciata*.

Fotos: B. Schmidt

Größe:
♂ 6 cm, ♀ 5 cm

Aquarium:
L 50, T 30, H 30

Temperatur: 23-25 °C

Zuchtwasser:
um 10 °KH/dGH
pH 6-7,2

Dreistreifen-*Apistogramma*

Apistogramma trifasciata

Auch der Dreistreifen-Zwergbuntbarsch hat eine südliche Verbreitung. Sie reicht vom Rio Guaporé in Brasilien über das Paraná-Becken und den Rio Paraguay bis nach Argentinien. Deshalb ist die Art nicht besonders wärmebedürftig. Auch bezüglich des pH-Wertes und der Gesamthärte gilt *A. trifasciata* als anspruchslos.

Leider sind die sich meist in Bodennähe aufhaltenden Höhlenbrüter nicht besonders produktiv.

Kakadu-Zwergbuntbarsch

Apistogramma cacatuoides

Dieser ‚Zwerg' erhielt seinen Namen wegen der verlängerten ersten Rückenflossenstrahlen, die an die Federhaube der Kakadus erinnern. Die auch in der Natur variabel gefärbten Männchen werden größer als die Weibchen, deren Flossen nicht ausgezogen sind. Die Art lebt im oberen Amazonasgebiet in Peru und im benachbarten Kolumbien. Da sie Klar- und Weißwasser besiedelt, das keine extremen Wasserwerte aufweist, ist sie im Aquarium leicht zu pflegen und zu vermehren. Das ermöglichte auch, verschiedene Farbformen dieser Höhlenbrüter herauszuzüchten, und so sind sie bei Aquarianern beliebt und weit verbreitet. Es empfiehlt sich, ein Männchen in der Gesellschaft mehrerer Weibchen zu halten und wegen der eingeschränkten Lebenserwartung von etwa drei Jahren darauf zu achten, dass man junge Exemplare erwirbt.

Größe:
♂ 8 cm, ♀ 6 cm

Aquarium:
L 50, T 40, H 30

Temperatur: 24-28 °C

Zuchtwasser:
bis 15 °KH/dGH
pH 6-7,5

Zuchtform von *A. cacatuoides*.

Foto: B. Schmidt

Dieses Männchen von *A. macmasteri* balzt vor einem Weibchen.

Fotos: B. Schmidt

Größe:
♂ 9 cm, ♀ 6 cm

Aquarium:
L 50, T 40, H 30

Temperatur: 24-28 °C

Zuchtwasser:
bis 10 °KH/dGH
pH 6-7,5

Villavicencio-Zwergbuntbarsch

Apistogramma macmasteri

In Kolumbien lebt diese Art im Umfeld der Stadt Villavicencio im Einzugsgebiet des Río Metica (Río Meta-Einzug), wo sie ruhige, verkrautete Stellen von Klarwasserbächen mit geringer Härte (bis etwa 5 °dGH und KH) besiedelt, doch liegen die pH-Werte meist um 7, sodass sie im Aquarium keine extremen Ansprüche an die Wasserchemie stellt. Sie gilt als etwas scheu, weshalb eine dichte Bepflanzung ihres Aquariums, ein oder zwei Hände trockenen Laubes und ein paar enge Höhlen, in die möglichst nur die Weibchen schlüpfen können, nicht fehlen sollten. Die Larven schlüpfen temperaturabhängig nach 48 bis 72 Stunden und schwimmen nach weiteren vier bis fünf Tagen frei. Sie werden fast ausschließlich vom Weibchen betreut. Sind allerdings viele andere Fische im Aquarium, duldet das Weibchen auch den Gatten bei den Jungfischen.

A. macmasteri, eine extrem rote Zuchtform.

Männchen von
A. sp. 'Tame.'

Tame-Zwergbuntbarsch

Apistogramma sp. 'Tame'

A. sp. ‚Tame', eine bislang unbeschriebene Art, gehört wohl nicht, wie zunächst vermutet, in den näheren Verwandtschaftskreis von *A. macmasteri*, sondern in den von *A. hognei*. Diese Art oder Lokalform wurde in Kolumbien, etwa 26 Kilometer vor Savarena, in einem Naturbad gefunden. Das Wasser war klar, der Boden bestand aus Sand und einigen kiesigen Bereichen, die Ufer waren üppig überwachsen. Die Art ist seit einiger Zeit wieder verfügbar, und da sie aus Klarwasserbächen kommt, fällt es nicht schwer, ihr angemessene Lebensbedingungen zu bieten. Wie den *Villavicencio*-Zwergbuntbarsch kann man diese große Art paarweise oder, bei genügend Platz, in einer Gruppe von 1/3-5 zur Zucht ansetzen.

Größe:
♂ 8 cm, ♀ 6,5 cm

Aquarium:
L 50, T 40, H 30

Temperatur: 24-28 °C

Zuchtwasser:
bis 10 °KH/dGH
pH 6-7,2

Männchen von *A. alacrina* im Aquarium.

Größe:
♂ 9 cm, ♀ 6 cm

Aquarium:
L 50, T 40, H 30

Temperatur: 24-27 °C

Zuchtwasser:
bis 12 °KH/dGH
pH 6,5-7,5

Rotpunktbuntbarsch

Apistogramma alacrina

Im Einzugsgebiet des Klarwasser führenden Río Caquetá, der in Kolumbien zum Amazonastiefland entwässert, lebt *A. alacrina*. Der wissenschaftliche Name spielt auf einen Fleck an der Brustflossenbasis der Weibchen an. Aquarianer sprechen aber vom 'Rotpunktbuntbarsch'. *A.-alacrina*-Männchen gelten als innerartlich wenig aggressiv, weshalb sich die Art in genügend großen Aquarien gut zur Gruppenhaltung eignet. Allerdings gehen brutpflegende Weibchen ihre Männchen gelegentlich derart heftig an, dass man die Männchen vor ihnen in Sicherheit bringen – vorübergehend aus dem Becken fangen – muss. Die Zucht gelingt in mittelhartem und leicht alkalischem Wasser. Eine Phase reichlicher Fütterung zieht nach einem Wasserwechsel häufig eine intensive Balz und das Ablaichen nach sich. Die bis etwa 200 Jungtiere erreichen bei einer Fütterung mit *Artemia*-Nauplien, später auch Teich- und Frostfutter, bereits innerhalb eines knappen Jahres Gesamtlängen um sechs Zentimeter und sind dann geschlechtsreif.

Beim Weibchen sieht man deutlich den ‚Achselfleck' an der Brustflossenbasis.

Foto: B. Schmidt

A. agassizii aus Manacapuru, westlich von Manaus.

Agassiz'-Zwergbuntbarsch

Apistogramma agassizii

Dieser Zwergbuntbarsch ist in Südamerika weit verbreitet, und zwar von Peru ostwärts entlang des Amazonas bis um Santarém und Monte Alegre. Die Art besiedelt äußerst mineralarmes Klar-, Weiß- und Schwarzwasser, wobei sie bevorzugt in strömungsarmen, sehr flachen Fließgewässern anzutreffen ist. Wildfänge und Wildformen sind bei Zwergcichlidenfreaks sehr beliebt, aber sicher keine Einsteigerfische. Sie stellen hohe Ansprüche an das Wasser, das zumindest für die Zucht weich und sauer sein muss. Da die Art aber auch in der Natur in unterschiedlich gefärbten Lokalformen vorkommt, sind heute diverse Zuchtformen im Handel, die vor allem mit intensiv roten, gelben oder orangefarbenen Flossen bei meist bläulichem Körper die Blicke auf sich ziehen. Und diese weitgehend domestizierten Formen sind deutlich leichter nachzuziehen.

Größe:
♂ 9,5 cm, ♀ um 5 cm

Aquarium:
L 50, T 40, H 30

Temperatur: 24-27 °C

Zuchtwasser für Wildformen:
bis 3 °KH/dGH
pH 5,5-6,5

Zuchtwasser für Zuchtformen:
bis 10 °KH/dGH
pH 6-7

A. *agassizii*, Zuchtform 'Electric Blue'.

Fotos: B. Schmidt

A. agassizii aus Tefé.

Dieses Paar von *A. panduro* hat sich gefunden.

Panduros Zwergbuntbarsch

Apistogramma panduro

Größe:
♂ 7 cm, ♀ 4,5 cm

Aquarium:
L 50, T 40, H 30

Temperatur: 25-27 °C

Zuchtwasser:
bis 7 °KH/dGH
pH 6-6,5

Auch *A. panduro* kommt aus dem Ucayali-Einzug in Peru und kann als eine noch recht pflegeleichte Art bezeichnet werden, wenn man ihr nicht zu hartes Wasser bietet. Man kann sie kaum verwechseln, denn Ähnlichkeiten bestehen nur zu *A. nijsseni* und *A. payaminonis*. Bemerkenswert ist, dass die Männchen den Weibchen gegenüber kaum einmal aggressives Verhalten zeigen.

Hier balzt ein Männchen mit kräftigem Schwanzfleck vor einem Weibchen.

Brutpflegendes Weibchen von *A. panduro*.

Hier sind die Jungen schon vier Wochen alt.

Fortpflanzungsverhalten

Die Initiative zum Laichen geht vom Weibchen aus, das in Schräglage vor dem Männchen balzt, in Prachtfärbung alle Flossen aufstellt und mehrfach ruckartig haltend an ihm vorbeischwimmt und dann mit dem Schwanz zu schlagen beginnt. So versucht es, das Männchen zu einer Bruthöhle zu locken. Dort schaffen beide den Sand heraus und putzen die Höhlendecke mit den Mäulern, da sie dort ablaichen. Für *Apistogramma*-Arten sind ihre Eier recht klein, weshalb die Larven bei 26 °C schon nach zwei Tagen schlüpfen und dann schwänzelnd am Höhlenboden liegen. Die direkte Brutpflege obliegt dem Weibchen, das die Eier und die noch schwimmunfähigen Larven bewacht und befächelt, um eine ausreichende Sauerstoffversorgung zu gewährleisten. Außerdem ‚belutscht' es sie von Zeit zu Zeit und pickt verdorbene (geronnene) Laichkörner aus dem Gelege. Bei 26 °C sind die Jungen am 6. Tag schwimmfähig, bleiben aber oft noch einen Tag in ihrem Versteck, bevor sie es verlassen. Wenn es soweit ist, überrascht ihre geringe Größe. Dennoch kann man sie mit *Artemia*-Nauplien anfüttern. Im Internet findet sich der Hinweis, dass die Mutter größere Futterbrocken zerbeißt, damit die Kleinen sie bewältigen können. Außerdem soll eine Zucht bei hohen Temperaturen mehr Männchen als Weibchen erbringen, während das Geschlechterverhältnis bei niedrigen Werten ausgeglichener sei.

Junges Männchen von *A. bitaeniata*.

Zweibinden-Zwergbuntbarsch

Apistogramma bitaeniata

Diese Art ist nahezu im gesamten Mittel- und Oberlauf des Amazonas einschließlich des Ucayali und des Napo anzutreffen und kann wie die vorige Art gepflegt und gezüchtet werden.

Größe:
♂ 7,5 cm, ♀ 6 cm

Aquarium:
L 50, T 40, H 30

Temperatur: 24-27 °C

Zuchtwasser:
bis 3 °KH/dGH
pH 6-6,5

A. bitaeniata, Paar mit Jungfischen vor seiner Höhle.

Dieses *A.-bitaeniata*-Weibchen führt schon drei Wochen alte Jungfische.

Männchen von *A. atahualpa* können so gestreift sein,...

Größe:
♂ 7,5 cm, ♀ 5 cm

Aquarium:
L 50, T 40, H 30

Temperatur: 25-27 °C

Zuchtwasser:
bis 7 °KH/dGH
pH 4,5-6

Goldbauch- oder Sunset-Zwergbuntbarsch

Apistogramma atahualpa

Die Art wurde gleichzeitig mit *A. panduro*, aber ohne genaue Fundortangaben beschrieben. Inzwischen weiß man, dass sie aus kleinen Urwaldbächen, so etwa bei km 22 zwischen Iquitos und Nauta bzw. aus dem Río-Nanay-Einzug in Peru stammt. Sie lebt sympatrisch mit dem in beiden Geschlechtern etwas kleineren Hochrücken-Zwergbuntbarsch *Apistogramma eunotus*.

... prachtgefärbt aber auch einen roten Bauch zeigen...

... oder nur ein Körperlängsband.

Das flache, sehr klare, aber braun eingefärbte Schwarzwasser (pH 4,5-5, dGH und KH nicht messbar, 24-25 °C) fließt dort über sandigen Grund, den das herabgefallene Laub des dichten Urwalds darüber regelrecht ‚weich' macht. Stellenweise gibt es tiefere Ausspülungen, in denen auch größere Cichliden vorkommen. Die Insektendichte orientiert sich an der hohen Luftfeuchtigkeit, und das dichte Blätterdach der Urwaldriesen sorgt für gedämpftes Licht.

Auch der Inka-Zwergbuntbarsch *A. baenschi* und der Schwarzkinn-Zwergbuntbarsch *A. allpahuayo* stammen aus dem Nanay-Einzug und werden ähnlich groß. Alle vier pflanzen sich unter ähnlichen Bedingungen fort.

Unten: Drohendes Männchen von *A. baenschi*.

Foto: B. Schmidt

1 Im Unterschied zu den meisten anderen *Apistogramma*-Weibchen sind die von *A. atahualpa* nicht gelb, sondern rötlich. 2 Prächtig gefärbtes Männchen von *A. eunotus*. 3 Weibchen von *A. baenschi* mit Jungfischen. 4 Männchen von *A. allpahuayo* können intensiv gefärbt sein.

Eindrucksvoll spreizt dieses Männchen von *A. uaupesi* seine Flossen.

Größe:
♂ 7,5 cm, ♀ 4,5 cm

Aquarium:
L 50, T 40, H 30

Temperatur: 26-28 °C

Zuchtwasser:
bis 7 °KH/dGH
pH 4,5-6

Segelflossen-*Apistogramma*

Apistogramma uaupesi

Die Art ist im oberen und mittleren Rio-Negro-Einzug in verschiedenen Lokalformen zu finden, kommt nach heutiger Kenntnis aber auch im oberen Orinoko-Einzug in Kolumbien und Venezuela, so auch im Río Sipapo (pH 4,5, 4 µS, 29 °C) vor. Da die Art hochgradig polychromatisch ist, können syntop (im selben Biotop) lebende, ja sogar aus einer Brut stammende Männchen unterschiedliche Farben in der Caudale und im Kopfbereich zeigen. Erstaunlicherweise wurden sie inzwischen als weitere Arten (!) beschrieben. Männchen mit komplett getüpfelter Schwanzflosse sollen *A. lineata* heißen, während man andere, bei denen sich die Tüpfelung auf die Mitte der Schwanzflosse beschränkt, als *A. flabellicauda* beschrieben hat.

Unten: Dieses Männchen hat ein markant gezeichnetes Gesicht.

Solche *A.-uaupesi*-Männchen werden auch als 'Rotkeil' bezeichnet.

Weibchen von *A. uaupesi* mit Jungfischen.

Dominante Männchen drohen Rivalen, indem sie mit gesenktem Kopf im Zeitlupentempo auf den Gegner zuschwimmen. Dabei stellen sie den vorderen Teil der Dorsale auf, legen aber den rückwärtigen Teil an und spreizen auch die Schwanzflosse nicht. Gleichzeitig treten alle Streifenelemente kräftig hervor. Bei der Balz treten die Männchen den Weibchen zur Seite, stellen ihre Rückenflossen auf und schlagen mit dem Hinterkörper. Nach dem Ablaichen halten sich die nun gelb gefärbten Weibchen fast ständig in der Bruthöhle auf und zeigen nur den Seitenfleck und die schräge Binde über die untere Kopfhälfte. Wie bei anderen Höhlenbrütern übernehmen die Geschlechter im Rahmen der Brutpflege unterschiedliche Aufgaben. Deshalb sind sie verschieden groß und auch anders gefärbt. Aufgabe der Weibchen ist es, im Inneren der Höhle die Eier sauber zu halten und zu befächeln, wozu es günstig ist, wenn sie nicht so groß sind wie die Männchen. Diese machen mit ihrer Größe und Färbung auf sich aufmerksam, balzen und sichern nach dem Ablaichen das Umfeld außerhalb der Höhle, wobei es vorteilhaft ist, größer zu sein.

Junges Männchen von *A. piaroa*.

Hier begegnen sich Männchen und Weibchen von *A. piaroa*.

Fortpflanzungsverhalten

Die Weibchen heften über 100 gelb-orange Eier an die Höhlendecke. Die Larven schlüpfen bei pH 5-5,5, dGH und KH bis 5 und 27 °C am 4. Tag und liegen dann am Höhlenboden. Nach etwa neun Tagen verlassen die Jungen die Bruthöhle in Begleitung ihrer Mutter. Das Männchen gesellt sich aber nicht (nicht immer?) zu ihnen. Die meist engen Bodenkontakt haltenden Jungfische, die auf Sand anfangs kaum auszumachen sind, halten sich unter ihrer Mutter auf und fressen vom Boden, nutzen aber auch den Kontakt zu vertikalen Flächen, um in höhere Wasserzonen zu gelangen. Die Mutter führt sie durch Körperrucken und signalisiert ihnen durch zuckende Bewegungen, wann sie sich gegen den Boden drücken sollen. Auch in den nächsten beiden Wochen werden die Jungfische ausschließlich vom Weibchen betreut und geführt und abends an einer versteckten Stelle versammelt, wo es mit ihnen die Nacht verbringt. Erst später darf sich auch das Männchen dauerhaft nähern.

Im Orinoko-Einzug um Puerto Ayacucho und bei San Fernando de Atabapo lebt in ähnlichen Biotopen *Apistogramma piaroa*, der Breitbinden-*Apistogramma*. Männchen erreichen ca. sieben Zentimeter, Weibchen um vier Zentimeter Länge. Für Pflege und Zucht gelten dieselben Bedingungen wie für *A. uaupesi*.

Die larvophilen Maulbrüter der Gattung *Apistogramma*

Apistogramma barlowi – hier ein Paar bei der Balz – ist ein larvophiler Maulbrüter.

Brustband-*Apistogramma*

Apistogramma barlowi

Größe:
♂ 9 cm, ♀ 6 cm

Aquarium:
L 50, T 40, H 30

Temperatur: 22-25 °C

Zuchtwasser:
bis 7 °KH/dGH
pH 5-7

Dieses Weibchen von *Apistogramma barlowi* hat Larven im Maul.

Lateral drohende Männchen von *A. megastoma*, ebenfalls larvophile Maulbrüter.

Fotos: B. Schmidt

Größe:
♂ 9,5 cm, ♀ 7,5 cm

Aquarium:
L 50, T 40, H 30

Temperatur: 22-25 °C

Zuchtwasser:
bis 7 °KH/dGH
pH 5-7

Großmaul-*Apistogramma*

Apistogramma megastoma

Seit dem Jahre 2000 wissen wir, dass es auch innerhalb der Gattung *Apistogramma* larvophile Maulbrüter gibt. Bislang sind zwei Arten beschrieben, nämlich *A. barlowi* aus der Umgebung von Pebas in Peru und *A. megastoma* aus Zuflüssen zum Río Jutaí im Grenzgebiet zwischen Peru und Brasilien. Zumindest diese besiedeln Schwarzwasser-Habitate.

Aus Kolumbien stammen zwei weitere unbeschriebene Arten, derzeit als *Apistogramma* sp. D 10 und *Apistogramma* sp. D 50 bezeichnet, deren genaue Fundorte nicht bekannt sind und die, was ihre Zeichnung vermuten lässt, möglicherweise nicht in die verwandtschaftliche Nähe der beiden

Apistogramma sp. D 50, Weibchen bei der Aufnahme von Jungfischen.

beschriebenen Maulbrüter gehören. Nach bisherigem Wissen vermehren sie sich auch noch bei höheren Härtegraden und höheren pH-Werten (bis 10 °KH/dGH, pH bis 7,5), sind also leichter zu vermehren. Wie die übrigen Vertreter der Gattung laichen sie alle in Höhlen, wo das Weibchen die rot gefärbten Eier versorgt, die Larven nach dem Schlupf aber zum weiteren Erbrüten bzw. zur weiteren Betreuung ins Maul nimmt und nur zum Zweck der eigenen Nahrungsaufnahme für kurze Zeit auf den Boden der Bruthöhle entlässt. Nach dem Freischwimmen der Jungfische werden diese nach bisherigen Erfahrungen offensichtlich nur während der ersten Tage zur Nacht ins Maul aufgenommen.

Bei *A.* sp. D 10 (oben) und *A.* sp. D 50 handelt es sich um zwei noch unbeschriebene malbrütende Arten.

Höhlenbrütende Torpedos

Dieses aggressiv gestimmte Männchen von *T. candidi* zeigt einen deutlichen Körperstreifen und faltet die Flossen zusammen.

Blick auf eine Uferzone am Tapajós, Lebensraum von *Taeniacara candidi* und *Crenicichla regani*.

Vor dem Ablaichen begutachtet das nun streifenlose Männchen die Bruthöhle.

Torpedo-Zwergbuntbarsch

Taeniacara candidi

Diese Art ist monotypisch (einzige Art der Gattung) und bleibt ausgesprochen klein. Ihre Verbreitung umfasst den unteren Rio Negro, den Rio Tefé und den Rio Tapajós bis zum Oberlauf des Rio Branco. Diese gestreckten ‚Torpedobuntbarsche' besitzen keine Seitenlinie im herkömmlichen Sinne; wahrscheinlich ist das entsprechende Organ entlang der Rückenflossenbasis verborgen. Die Männchen entwickeln verlängerte mittlere Schwanzflossenstrahlen; auch die Bauchflossen sind bei ihnen lang ausgezogen und reichen bis zur Schwanzflossenbasis. Nur bei den Männchen kann die Schwanzflosse rot gesäumt sein.

Die Nachzucht der Art gilt als schwierig, weil man dazu weiches Wasser um 40-50 µS/cm mit sehr niedrigem pH-Wert von 4,5 bis etwa 5,7 braucht. Legt man auf Nachzucht keinen Wert, dürfen die Werte etwas höher liegen, allerdings bringt man sich dann um das interessante Schauspiel der

Größe:
♂ 5 cm, ♀ 3,5 cm

Aquarium:
L 40, T 30, H 30

Temperatur: 26-30 °C

Zuchtwasser:
bis 3 °KH/dGH
pH 4,5-5,7

Hier schwimmen die Jungfische frei. Der Schwanz der Mutter pendelt nach unten.

Brutpflege. Dafür sollte man auch auf eine Vergesellschaftung verzichten, während es egal ist, ob man nur ein Paar zur Zucht ansetzt oder ein Männchen mit einem Harem von drei bis vier Weibchen. Das Männchen kontrolliert dann ein Großrevier, in dem es mit verschiedenen Weibchen laicht, die sich dann weitgehend allein um die Brut kümmern. Die Fische laichen in kleinen Höhlen mit sehr engen, etwa zehn Millimeter messenden Einschlupflöchern. Die Entwicklungszeit der Eier bis zum Freischwimmen der Jungfische ist stark von der Wassertemperatur abhängig und dauert bei 25 °C etwa 10 bis 12 Tage, bei 27 bis 28 °C nur 7 bis 8 Tage.

Gelegentlich schafft das Weibchen die Jungfische schon am Tag vor dem Freischwimmen aus der Höhle und hängt sie auf bzw. an und unter ein Pflanzenblatt, wo sie mit ihren am Kopf befindlichen Klebedrüsen haften. Wenn die Kleinen freischwimmen, fressen sie sofort *Artemia*-Nauplien und werden von beiden Elterntieren bewacht. Während der nächsten Tage werden sie zur Nacht womöglich noch in einem Versteck mit ihren Klebedrüsen aufgehängt. Die Brutpflege ist ein besonderes Schauspiel, da beide Geschlechter, vor allem aber die Weibchen, im Jungfischschwarm seltsame Schaukel- oder Pendelbewegungen ausführen. Dazu heben und senken sie den Hinterkörper um eine gedachte Achse durch die Augen, wobei sie die Flossen bei der Aufwärtsbewegung abspreizen, bei der Abwärtsbewegung dagegen anlegen.

Das Weibchen hat die noch nicht schwimmfähigen Jungfische auf einem Blatt abgelegt. Der Schwanz der Mutter pendelt nach oben.

Kleine Hechtbuntbarsche

Gattung *Crenicichla*

Die Zwerg-*Crenicichla* besiedeln die Uferzonen großer Amazonas-Zuflüsse. Zum Teil dringen sie in dunkle Urwaldbäche vor.

Mittlerweile sind an die 150 *Crenicichla*-Arten beschrieben, und da weitere ihrer Entdeckung und Beschreibung harren, ist dies wohl die größte Gattung unter den südamerikanischen Buntbarschen. Man kann sie in verschiedene Artengruppen unterteilen, von denen eine, die *Crenicichla-wallacii*-Gruppe, besonders kleine Arten umfasst. In der Natur dürften die meisten dieser Arten mit Gesamtlängen um acht Zentimeter ihre natürliche Endgröße erreicht haben, was auch für ihre Lokalformen gilt. Im Aquarium werden sie womöglich etwas größer. Die Geschlechter unterscheiden sich farblich und morphologisch zum Teil ganz erheblich.

Alle Arten leben entlang des Guyana-Schildes bzw. des brasilianischen Hochlands in der Nähe stark strömenden Wassers oder in Flüssen, die Stromschnellen bilden, halten sich aber meist abseits der starken Strömung auf, wo sie in Bereichen mit guten Versteckmöglichkeiten (Geröllzonen, Laubablagerungen, verrottendes Holz, dichte Pflanzenbestände und sogar Müll) manchmal regelrechte Kolonien bilden. Arten wie *Crenicichla regani* und *C. notophthalmus*, die auch in langsam fließenden Gewässern vorkommen, sind gestreckte, schlanke Fische, während andere, so etwa *C. compressiceps*, *C. urosema* oder *C. heckeli*, die sich gern in stärker strömendem Wasser und fast immer über steinigem Boden (Geröllzonen) aufhalten, seitlich stärker zusammengedrückt und etwas hochrückiger sind. Für die Pflege im Aquarium sollte man möglichst großflächige Aquarien ab 80 x 50 Zentimeter wählen, die zahlreiche Versteckmöglichkeiten bieten.

Crenicichla regani aus dem Tapajós, Weibchen mit Jungfischen.

Crenicichla regani aus Fortalezza in Brasilien.

Größe:
♂ 11,5 cm, ♀ 8,5 cm
Aquarium:
L 80-100, T 50, H 40
Temperatur: 25-30 °C
Zuchtwasser:
bis 10 °KH/dGH
pH 5,5-6,5

Regans Zwerghechtbuntbarsch

Crenicichla regani

Dieser Zwerghechtbuntbarsch ist am häufigsten im Handel zu finden – und durchaus empfehlenswert. Er wurde aus einem namenlosen Flüsschen bei der Cachoeira Porteira im Trombetas-System beschrieben und kommt (nach heutigem Stand) in ganz Zentral-Amazonien vor. Die meisten Lokalformen besiedeln weiches Klarwasser, sodass sie sich bei bis zu 10 °dGH, etwas geringerer Karbonathärte und pH-Werten von 5,5 bis 6,5 wohlfühlen und sich auch vermehren. Obwohl die Biotope häufig stark abgeschattet sind, liegen die Temperaturen meist über 25, nicht selten bis an die 30 °C.

Männchen vom selben Fundort.

Aus dem Guri-See in Venezuela stammen diese Zwerg-*Crenicichla*. Die Weibchen erkennt man am Fleck in der Rückenflosse.

Orinoko-Zwerghechtbuntbarsch

Crenicichla sp. 'Orinoco'

Größe:
♂ 11 cm, ♀ 7,5 cm
Aquarium:
L 100, T 50, H 40
Temperatur: 25-30 °C
Zuchtwasser:
bis 3 °KH/dGH
pH 4-5,5

Im Orinoko-Einzug in Venezuela leben Zwerg-*Crenicichla*, bei denen im Vergleich mit Tieren aus dem Atabapo und von Puerto Inirida an der venezolanisch-kolumbianischen Grenze lediglich farbliche Unterschiede bei den Weibchen festzustellen sind. Die aus dem Atabapo stammenden *C.* sp. 'Orinoco' sind bunter, und der Ring des Dorsalflecks ist auffällig rot. Diese Fische besiedeln Schwarzwasser und stellen damit deutlich höhere Ansprüche als solche aus Klarwasserflüssen. Bei Puerto Inirida in Kolumbien ist der Flussboden in den ‚Caños' (Flüsschen) durch sandigen Grund mit viel Laub, vor allem aber Ablagerungen feiner Zweige gekennzeichnet. Das Wasser (pH 5 bis 5,5; dGH/KH < 1°; bis 35 °C) ist leicht teefarben.

Am Atabapo, der fast ‚rotes' Wasser führt (pH 4-5; dGH/KH < 1°; 29 °C), besteht der Grund aus feinem Bleichsand, über dem sich in ruhigeren Bereichen dicke Laubschichten angesammelt haben.

Blick ins ‚rote' Schwarzwasser des Atabapo.

Männchen von *Crenicichla compressiceps* aus dem Tocantins.

Größe:
♂ 8 cm, ♀ 7 cm

Aquarium:
L 120, T 50, H 40

Temperatur: 25-30 °C

Zuchtwasser:
bis 5 °KH/dGH
pH 6-6,5

Schmalkopf-Zwerghechtbuntbarsch

Crenicichla compressiceps

Er lebt im Tocantins und im Araguaia und gilt als ‚litophile', also über steinigem, geröllartigem Grund in Klarwasser lebende und damit leichter nachzuzüchtende Art, ist aber – auch innerartlich – recht aggressiv. Auffällig ist sein seitlich zusammengedrückter Kopf mit einer zugespitzten, engmäuligen Schnauze. Der Schwanzfleck ist klein, hoch platziert, rund und kein Augenfleck. Bei den Weibchen sind die Enden der Rückenflossen bis zum äußersten Flossenende durchgefärbt. Geschlechtsreife Männchen entwickeln gestreifte senkrechte Flossen, ihre Rückenbinden sind breit und braun und durch sechs bis sieben schmale helle Streifen voneinander abgegrenzt.

Der felsige und steinige Grund des Tocantins ist ein Lebensraum von *Crenicichla compressiceps*.

Ein *Crenicichla-urosema*-Paar bei der Balz.

Schwanzfleck-Zwerghechtbuntbarsch

Crenicichla urosema

Größe:
♂ 9 cm, ♀ 8 cm

Aquarium:
L 100, T 50, H 40

Temperatur: 25-30 °C

Zuchtwasser:
bis 5 °KH/dGH
pH 6-6,5

Die Art stammt aus dem Tapajós, lebt ebenfalls litophil und wird etwas größer als *C. compressiceps*, gilt aber als weniger aggressiv. Bei dieser Art ist der Schwanzfleck auffällig groß. Die Weibchen erkennt man an einem weißen Saum in der Rückenflosse und – zur Laichzeit – an ihrem orangefarbenen Bauch.

Weibchen von *Crenicichla urosema* in Prachtfärbung.

Hier sind die Jungfische von *C. regani* schon fast zwei Monate alt.

Was sie fressen

Zwerg-*Crenicichla* sind keine Fischfresser, sondern ernähren sich bevorzugt von Crustaceen und Insektenlarven. Das enge Maul von *C. compressiceps* und *C. urosema* spricht dafür, dass diese Arten ihr Futter aus engen Felsspalten herauspicken. Im Aquarium zeigen alle Arten Vorliebe für kleines Lebendfutter und aufgetautes Gefrierfutter (Kleinkrebse, Insektenlarven). Achtung! Industriell hergestelltes Futter akzeptieren sie leider nicht!

Noch schlafen die jungen *Crenicichla* zusammen mit dem Weibchen in der Bruthöhle.

Fortpflanzungsverhalten

Ihre erfolgreiche Zucht im Aquarium hängt in erster Linie von geeigneten Wasserwerten ab. Die Geschlechtsreife wird schon nach sieben bis acht Monaten erreicht. Nach sehenswerter Balz, die bei den meisten Arten das Weibchen einleitet, das sich zur Seite neigt oder bei U- oder gar S-förmig gekrümmtem Körper und gespannten Flossen den Bauch vorstreckt, lockt es das Männchen zu einer meist röhrenförmigen Laichhöhle. Bei *C. compressiceps* ist der anfangs balzende Partner das Männchen.

Die Weibchen heften den Laich in ‚Schüben' an die Höhlendecke und an schräge, überhängende Flächen. Die Art wählt oft Höhlen mit so engen Schlupflöchern, dass das Männchen Mühe hat, das Gelege zu besamen. Notfalls samt es am Höhleneingang ab, was aber meist nicht zu schlechten Befruchtungsraten führt: Offenbar gelangen durch die Flossen- und Körperbewegungen der Fische genügend Spermien zum Gelege. Die ‚P-Typ-Eier' ähneln denen der *Apistogramma*, sind aber größer und hängen an einem längeren Fadenbündel, sind also gegen das Substrat beweglich; bei jeder Wasserbewegung wogen sie hin und her und werden so mit Sauerstoff versorgt. Das Weibchen steht unter den Eiern, hält nahezu Körperkontakt, fächelt und säubert die Eier mit dem Maul. Bei etwa 29 °C schlüpfen die Larven nach drei Tagen, bei 25 °C am fünften Tag. Meist werden sie am Höhlenboden von der Mutter auf einen Haufen gespuckt, wo sie mit ihren am Hinterkopf befindlichen Haftdrüsen zusammenkleben. Offensichtlich hängen manche Weibchen die Larven aber, zumindest teilweise, an der Höhlendecke auf.

Je nach Temperatur schwimmen die Jungen nach acht bis elf Tagen in der Bruthöhle auf und verlassen sie einen Tag später. Sie scharen sich zunächst dicht um ihre Mutter, die nun eine mehr oder weniger deutliche Kontrastfärbung zeigt. Der Vater hält sich in der Nähe seiner Familie auf und sichert das Umfeld, wird aber auch inmitten der Jungen geduldet oder löst das Weibchen ab, wenn es Futter sucht oder andere Fische verjagt. Beide greifen potenzielle Gegner mit gesenktem Kopf und in deutlicher Kontrastfärbung an und führen dabei oft einen regelrechten Kopfstand aus.

Während sich die Jungfische der meisten Arten, zumindest die des Formenkreises um *C. regani*, über sechs bis acht Monate bis zum Eintritt der Geschlechtsreife untereinander recht friedlich verhalten, beginnen die anderer Arten schon recht früh, einander zu verjagen. Dies ist etwa bei *C. urosema* und *C. compressiceps* der Fall.

Im Kopfstand – und kräftig gestreift – geht die Mutter auf Fressfeinde los.

Register

Foto: W. Fischer

FANTASTISCHE
FIBEL VIELFALT
Kampffisch-Fibel
Moos-Fibel
Diskus-Fibel
Algen-Fibel Aquarium
Nano-Fibel
Aquarien-Fibel für Kids
Garnelen-Fibel
Aquascaping Fibel
Schneckenbuntbarsch-Fibel
Hypancistrus Fibel
Guppy-Fibel
Krabben-Fibel
Pflanzen-Fibel
Schnecken-Fibel
Malawisee-Fibel
Corydoras-Fibel
Grundel-Fibel
Einsteiger Fisch-Fibel
Nanofisch-Fibel
Axolotl-Fibel
Dähne Verlag
Einfach per E-Mail
oder online bestellen
service@daehne.de
www.daehne.de/fibeln
www.daehne.de